经典 名著
让阅读更有意义

春天的森林

[苏] 比安基◎著

刘干才◎编译

汕头大学出版社

图书在版编目（CIP）数据

春天的森林／（苏）比安基著；刘干才编译. -- 汕
头：汕头大学出版社，2018. 3（2022.1重印）
ISBN 978-7-5658-3384-7

Ⅰ. ①春… Ⅱ. ①比… ②刘… Ⅲ. ①森林-青少年
读物 Ⅳ. ①S7-49

中国版本图书馆 CIP 数据核字（2018）第 006902 号

春天的森林　　　　　　　　　　　　**CHUNTIAN DE SENLIN**

作　　者：（苏）比安基
编　　译：刘干才
责任编辑：宋倩倩
责任技编：黄东生
封面设计：三石工作室
出版发行：汕头大学出版社
　　　　　广东省汕头市大学路 243 号汕头大学校园内　　邮政编码：515063
电　　话：0754-82904613
印　　刷：三河市天润建兴印务有限公司
开　　本：690mm×960mm 1/16
印　　张：12
字　　数：173 千字
版　　次：2018 年 3 月第 1 版
印　　次：2022 年 1 月第 2 次印刷
定　　价：59. 80 元
ISBN 978-7-5658-3384-7

导　读

　　比安基，本名维·比安基（1894—1959），是前苏联著名儿童文学作家，曾经在圣彼得堡大学学习，1915年应征到军校学习，后被派到皇村预备炮队服役，二月革命后被战士选进地方杜马与工农兵苏维埃皇村执行委员会，苏维埃政权建立后，在比斯克城建立阿尔泰地质博物馆，并在中学教书。

　　维·比安基从小热爱大自然，喜欢各种各样的动物，特别是在他父亲——俄国著名的自然科学家的熏陶下，早年投身到大自然的怀抱当中。

　　27岁时，维·比安基记下一大堆日记，积累了丰富的创作素材。此时，他产生了强烈的创作欲望。1923年成为彼得堡学龄前教育师范学院儿童作家组成员，开始在杂志《麻雀》上发表作品，从此一发而不可收，仅仅是1924年，他就创作发表了《森林小屋》《谁的鼻子好》《在海洋大道上》《第一次狩猎》《这是谁的脚》《用什么歌唱》等多部作品集。

　　从1924年发表第一部儿童童话集，到1959年因脑出血逝世的35年的创作生涯中，维·比安基一共发表300多部童话、中篇小说、短篇小说集，主要有《林中侦探》《山雀的日历》《木尔索克历险记》《雪地侦探》《少年哥伦布》《背后一枪》《蚂蚁的奇遇》《小窝》《雪地上的命令》以及动画片剧本《第一次狩猎》等。

1894 年，维·比安基出生在一个养着许多飞禽走兽的家庭里。他父亲是俄国著名的自然科学家。他从小喜欢到科学院动物博物馆去看标本，跟随父亲上山去打猎，跟家人到郊外、乡村或海边去住。

在那里，父亲教会他怎样根据飞行的模样识别鸟儿，根据脚印识别野兽……更重要的是教会他怎样观察、积累和记录大自然的全部印象。比安基 27 岁时已记下一大堆日记，他决心要用艺术的语言，让那些奇妙、美丽、珍奇的小动物永远活在他的书里。

只有熟悉大自然的人，才会热爱大自然。著名儿童科普作家和儿童文学家维·比安基正是抱着这种美好的愿望为大家创作了一系列的作品。

在本书中，作者采用报刊的形式，以春夏秋冬 12 个月为序，向我们真实生动地描绘出发生在森林里的爱恨情仇、喜怒哀乐。

阅读这本书，你会发现所有的动植物都是有感情的，爱憎分明，它们共同生活在一起，静谧中充满了杀机，追逐中包含着温情，每只小动物都是食物链上的一环，无时无刻不在为生存而逃避和猎杀，正是在这永不停息的逃避和猎杀中，森林的秩序才得到真正有效的维护，生态的平衡才得以维持。

然而如果我们仅仅把自己当做俯视一切的自然秩序之上者，那么阅读中一定会失去很多感动与震撼的心灵体验，甚至被书中的小动物们骂成"无情的两足无毛冷血动物"。

目 录

致读者 ……………………………………………… 001

我们的首位森林记者 ……………………………… 005

森林历上的年 ……………………………………… 006

一年的森林历 ……………………………………… 008

森林报

No. 1　冬眠苏醒月（春季第一月） ……………… 009

一年 12 个月的阳光组诗 ………………………… 010

　　喜迎春天

森林记事 …………………………………………… 012

　　森林里传来第一个消息→白嘴鸦揭开了春之幕→所有
　　的小兔娃都是大家的→春天开放的第一批花→改变了
　　颜色的动物→到这儿过冬的客人→发生雪崩了→潮湿
　　的地洞→特别的茸毛其实是花→在四季常青的森林里
　　漫步→鸲鹰和白嘴鸦→森林里传来第二个消息

都市新闻 …………………………………………… 022

　　猫在屋顶上开音乐会→顶楼上还有故事→麻雀事件→睡

眼惺忪的苍蝇→"流浪者杀手"苍蝇虎→晒太阳的石蚕→80年的物候学观察→给椋鸟准备住宅→跳舞的小蚊→第一批出现的蝴蝶→在园子里→崭新的森林→早春花儿开→什么生物漂来了→款冬的能储备养料的细茎→天空中的喇叭声→每人做一个椋鸟房→森林里传来第三个消息→春水泛滥

农庄生活 …………………………………………………… 034

农庄新闻 …………………………………………………… 034

空中食堂救助麦苗→留住春水润秧苗→100个新出生的猪宝宝→播种马铃薯

追猎 ………………………………………………………… 036

猎获求偶的鹬鸟→交配的松鸡被打死了

森林戏剧 …………………………………………………… 043

琴鸡交尾时的枪声

各方呼叫：无线电大通讯 ………………………………… 048

呼叫！呼叫！→北极收到→中亚收到→远东收到→乌克兰西部收到→苔原亚雅马尔半岛收到→新西伯利亚原始森林收到→外贝加尔草原收到→高加索山区收到→中亚沙漠收到→北冰洋收到→黑海收到→里海收到→波罗的海收到

打靶场：第一场竞赛 ……………………………………… 060

通告：住宅急征 …………………………………………… 062

No. 2　鸟类返回月（春季第二月） ……………………… 063

一年12个月的阳光组诗 …………………………………… 064

鸟类大返乡→戴着脚环的鸟

森林记事 ………………………………………… 068

遍地泥泞→雪下浆果→昆虫过节→莱莨的花序→蝰蛇的
日光浴→蚂蚁窝悄悄动起来→还有谁睡醒了→池塘里
的朋友→森林保洁员→它们是在春天开花吗→可怜的
白寒鸦→罕见的跳伞运动员

飞鸟传书 ………………………………………… 077

泛滥成灾的春水→兔子上树求生→船上的松鼠→鸟类
也受了灾→出乎意料的猎物→残冰上的动物→在河流
和湖泊里→鱼在冬天做些啥

祝你钓到大鱼 …………………………………… 085

森林大战 ………………………………………… 088

农庄生活 ………………………………………… 093

农庄植树活动

农庄新闻 ………………………………………… 095

新城→马铃薯的喜日→奇怪的坑→修整牛"指甲"
→鸟儿也开始做农活了→让人称奇的芽→飞来的小鱼

都市新闻 ………………………………………… 098

周日植树→布谷鸟的歌唱→公园和果园里舞动的蝴蝶
→奇怪的七鳃鳗→燕子飞来时→太阳雪→长翅膀的旅客
乘飞机→城里的海鸥

追猎: 在马尔基佐夫湖打野鸭的情景 …………… 104

在市场上→野鸭奸细和白衣隐身人→水上住房→勾引
天鹅→残忍的猎杀

打靶场: 第二场竞赛 …………………………… 110

通告："神眼"称号竞赛 ················· 112

No.3　舞蹈唱歌月（春季第三月）············· 115

一年12个月的阳光组诗 ················· 116

　　欢快的5月

森林记事 ···························· 118

　　森林交响乐→请到家中来→动物在田野里说话→鱼的
　　语言→天然屋顶下→森林之夜中我所听到的→天然舞
　　蹈家→最后到来的鸟→秧鸡步行而来→有笑的，有哭
　　的→松鼠开荤→红褐色的蝇头兰→去采浆果→这是什么
　　甲虫→燕子做巢→斑鸫窝前

森林大战（续前）·················· 134

农庄生活 ························· 137

　　大人的好帮手→崭新的森林

农庄新闻 ························· 140

　　逆风帮忙→小牛犊第一次到牧场上→绵羊脱掉大衣
　　→帮小羊羔找到妈妈→牲口群不断扩大→在农庄里的
　　新生活→六只脚的劳动者

都市新闻 ························· 143

　　麋鹿来到列宁格勒→鸟在说什么？→深海来的客人→鸟
　　儿试飞→城郊过客→去采蘑菇→飘动的云→做客列宁格
　　勒的浣熊狗→有益的欧鼹→蝙蝠的回声探测计→给风
　　评分

追猎 ··························· 153

　　春水、小船与偷袭→用诱饵截杀黑熊

打靶场：第三场竞赛 ……………………………… 164

通告：音乐表演开始 ……………………………… 166

通告："神眼"称号竞赛 …………………………… 167

打靶场答案 ………………………………………… 169

"神眼"称号竞赛答案及解释 ……………………… 176

致 读 者

——纪念我的父亲瓦连京·利沃维奇·比安基[1]

我们在普通的报纸上，只能看到关于人类生活的消息。 但孩子们似乎更关注另外一种生活，那就是自然界各种动物们的生活状态。

森林里也发生着和城市里一样多的故事。 那里面也有像人类一样的工作，也有愉快的节日和不幸的悲剧，也有大侠和强盗。 但我们不能从城市的报纸上看到这些，因为城市的报纸只报道人类的事情。

就像人们都没有听说过，没有翅膀的小蚊虫会在我们列宁格勒[2]的冬天从地里钻出来，不是飞，而是光着脚在洁白的雪地上奔跑。 我们也没在报纸上读到，林中勇士麋鹿在森林中进行决战，一些鸟类在冬天就全部搬迁到别的地方去了，有的竟然穿越了整个欧洲。

但我告诉大家，在《森林报》中，就可以读到这些消息。

《森林报》是一份月刊，一年出 12 期。 我们已经把它们合成了一本书，书中分为编辑部的文章、《森林报》通讯员的报道、各种来信和打猎的故事。

《森林报》的通讯员都是哪些人呢？ 他们当中有小朋友也有猎人，有科学家也有林业人员。 他们经常生活、工作在森林

---

①瓦·利·比安基,俄著名自然科学家。
②即圣彼得堡。

中，非常关心动植物的生活，并且把森林里发生的大大小小的事都记录下来，寄给我们《森林报》编辑部。

这本书于 1928 年首次发行，后来又再版过 10 次，每次我们都增加了一些新的栏目。

曾有一个编辑部的特派记者，去访问赫赫有名的猎人塞索伊奇。他们一起出去打猎，累了就坐在篝火边休息，猎人就对记者讲述他亲身经历的有趣的故事。后来这些故事就被我们的记者寄回了编辑部。

我们在每一期《森林报》的最后，都安排了一个竞答游戏的栏目，并为它起了个有趣的名字叫"打靶场"。大家可以下场比试一下，看看谁的答案更准确。只要你认真阅读了本期的《森林报》，回答其中的问题就会变得很容易。

有的问题可以马上回答，有的问题不需要立即作答，而要约定时间在几天后再回答，因为可能需要进一步观察一下才知道。在这几天里，大家就可以到森林里找到这种动物，真实地看一看。

《森林报》由列宁格勒编辑部进行编辑报道，属于列宁格勒的地方性报纸。里面报道的都是发生在这个州或市里的事情。

但是，咱们的国家可大了，别看在北方是寒风暴雪的日子，人们出去都会被冻成冰棍，但在我国的南方，却可能正是阳光明媚、鲜花怒放的时节。西端的孩子们刚刚躺到床上准备睡觉，东端的孩子们可能已经要起床了。所以，《森林报》的读者极其渴望知道发生在列宁格勒之外的、全国各地的事情。

为了满足大家的要求，我们专门在《森林报》上开辟了一个新的栏目，叫"各方呼叫"。 我们还开辟了一个"通告"栏，得到"神眼"称号的，即追踪能力强的读者，将被刊登到这里。

广大读者应该热爱并了解我们伟大的祖国，应该熟悉这片热土上的动植物和它们的生活。

这本《森林报》修订增补本是新出的第九个版本。 我们在书中推出了"一年12个月的阳光组诗"的头条栏目。 并用生物学博士尼·米·巴布罗娃的报道来为本栏目丰富了"农庄新闻"的内容。

我们还发表了我们的"战地记者"从林中巨兽的战场上发回的报道。 我们还为爱好钓鱼的朋友们开辟了"祝你钓到大鱼"的栏目。

德密特里·尼基罗维奇·凯哥罗多夫

我们的首位森林记者

好多年以前，居住在列宁格勒列斯诺耶一带的居民，经常在公园里碰到一位满头白发的教授。他戴着一副宽边眼镜，镜片后面透出锐利的目光。他在仔细地倾听每一声鸟的鸣叫，仔细地观察每一只飞过的蝴蝶或者苍蝇。

我们这些居住在大城市的居民，一般不会去留意每一只刚刚孵出的小鸟或者春天里出现的蝴蝶。但是，春天森林中的新景象，却没有一样能逃过这位教授的眼睛。

这位教授就是德密特里·尼基罗维奇·凯哥罗多夫。他一直观察我们城市里和近郊的生物自然界，整整坚持了50年。在这漫长的50个春秋里，他看着花开了又落，鸟飞去又回来。凯哥罗多夫教授清清楚楚地记下了他观察到的一切，然后寄到编辑部。

他还号召别人，尤其是年轻人也去观察自然界，做好观察记录寄给他。很多人都积极响应，于是他手下的观察员兼通讯员的队伍就一年比一年发展壮大起来。

50年来，凯哥罗多夫教授积累了大量的观察记录。他把这些资料汇集起来。现在，我们就要感谢他那长年不断的细致工作，当然也要感谢其他科学家们的工作。是他们帮我们弄清楚了鸟儿们在春天什么时候飞到我们这儿来，秋天什么时候又飞离我们，以及我们这里的花草树木是怎么生长的等种种趣闻。

凯哥罗多夫为儿童和成年人写了大量介绍鸟类、森林和田野的书。 他曾经在中学工作过，所以他一直认为，儿童学习自然界的知识，不应当单凭书上讲的，还应当到大自然当中去。

1924 年 2 月 11 日，凯哥罗多夫教授在长期的重病之后，没有等到第二年鸟儿再飞回的时候，就逝世了。

我们将永远怀念他。

森林历上的年

广大读者可能会认为我们的《森林报》上的新闻和城市新闻一样，都是过时的。 但事实并非如此。 虽然年年都有春天，但每年的春天却都不一样。 无论你活了多少岁，你都不会看到同样的两个春天。

一年就像车轮上的 12 根辐条，一个月就好像上面的一根。12 根辐条依次转了过去，车轮也就正好转过一圈，接着再从第一根辐条开始转动。 但这时车轮已经不再在原处，而是已经滚到前边很远的地方去了。

春天又来到了，森林开始苏醒。 熊结束冬眠，从洞里爬了出来；春水淹没了森林动物的地下洞穴；鸟儿又飞回来了，森林里开始了新的游戏和舞蹈。 野兽们在这一年里生儿育女。读者也会在《森林报》上读到最新鲜的森林新闻。

我们这里所用的是每年的森林历，它不同于我们人类使用的普通年历，这其实一点儿也不值得奇怪。

因为鸟兽们的一切不可能跟我们人类一样，它们有它们自己的历书。 因为森林里所有的动植物，都是依照太阳过日子的。

太阳在天上转一个大大的圈，那就代表森林度过了一年。太阳每走过一个星座，也就是黄道带①中的一个宫，那就代表过了一个月，12 个星座全部走过了，就正好过了 12 个月。

森林历上的新年并不在冬天，而是在春天，即太阳进入白羊宫的时候。 森林里最愉快的节日就是迎接太阳的时候；而开始过忧愁日子的时候就是送走太阳的时候。

我们也依照普通历书，把森林历上的一年分作 12 个月，但是，我们又根据森林中的情况，给它们另外起了名字。

①黄道带，是日月和主要行星在天空中运行的途径，又名黄道宫。在古代，天文学家把黄道宫分为 12 宫，每宫长 30 度，从春分起，依次分为：白羊宫、金牛宫、双子宫、巨蟹宫、狮子宫、室女宫、天秤宫、天蝎宫、人马宫、摩羯宫、宝瓶宫和双鱼宫。

一年的森林历

月份

1 月——冬眠苏醒月（春季第一月）——3 月 21 日到 4 月 20 日

2 月——鸟类返回月（春季第二月）——4 月 21 日到 5 月 20 日

3 月——舞蹈唱歌月（春季第三月）——5 月 21 日到 6 月 20 日

4 月——鸟儿筑巢月（夏季第一月）——6 月 21 日到 7 月 20 日

5 月——雏鸟出壳月（夏季第二月）——7 月 21 日到 8 月 20 日

6 月——集体飞行月（夏季第三月）——8 月 21 日到 9 月 20 日

7 月——候鸟离家月（秋季第一月）——9 月 21 日到 10 月 20 日

8 月——储存粮食月（秋季第二月）——10 月 21 日到 11 月 20 日

9 月——冬客来临月（秋季第三月）——11 月 21 日到 12 月 20 日

10 月——初现雪径月（冬季第一月）——12 月 21 日到 1 月 20 日

11 月——饥寒交困月（冬季第二月）——1 月 21 日到 2 月 20 日

12 月——忍耐残冬月（冬季第三月）——2 月 21 日到 3 月 20 日

森 林 报

栏　目

一年 12 个月的阳光组诗　　　　森林戏剧

森林记事　　　　各方呼叫

都市新闻　　　　打靶场：第一场竞赛

农庄生活　　　　通告：住宅急征

追猎

一年12个月的阳光组诗

喜迎春天

3月21日是春分时节。 这一天，白天和黑夜一样长，半天是阳光普照，半天是夜幕低垂。 这天，森林里的春天到来了。

老百姓有句俗话："三月好，三月好，雪儿化，冰儿消。" 阳光一天天变得温暖，驱散了冬天的严寒，厚厚的冰雪被和煦的阳光晒得松软了，表面上出现了蜂窝一样的孔，而且不再洁白，变得灰不溜秋的。 屋檐上那一根根晶莹的冰挂，也化成一滴滴水珠落下来，一滴、两滴……街上越集越多，形成一个个小水洼。

麻雀们都高兴了，它们在这些小水洼里扑腾着翅膀，希望把积攒了一冬的尘垢都清洗掉。 山雀在花园里唱响了银铃般的歌儿。

春天，乘着阳光的翅膀飞回人间，就像遵循着严格的工作程序一样。 它吹拂着被冰雪围困了一冬的大地，消融地面上一处处的冰雪。 只是河面依然被冰层覆盖着，森林也在雪下沉睡着。

按照俄罗斯的古老风俗，在3月21日这天早晨，要烤制一种"云雀"小面包吃。 就是用白面做成云雀的样子，前面捏一个小小的鸟嘴，再用两粒葡萄干做眼睛。 这一天，他们要放飞鸟笼里的鸟儿；而现代人则把这一天作为"爱鸟月"的开始。

小朋友们在这一天，都在为他们那些有翅膀的伙伴们忙碌着：在树上挂上椋(liáng)鸟、山雀的鸟笼，构筑洞式的鸟巢，把树枝的枝条交叉着绑在一起，以方便鸟儿做窝，为他们的小客人们建造免费小饭桌。 小朋友们还在学校和俱乐部里举行报告会，专门讲述鸟类如何保护我们的森林、田野、果园、菜地等，以及应该怎样善待这些长着翅膀欢快歌唱的朋友们。

初春的 3 月里，母鸡走到门口的时候，就可以喝到甘美的水了。

森林记事

森林里传来第一个消息

白嘴鸦揭开了春之幕

白嘴鸦揭开了春之幕。在冰雪融化后露出土地的所有地方,都会发现大队大队的白嘴鸦。

白嘴鸦在我国南方过冬,它们匆匆忙忙地回到北方的故乡来了。它们在路上多次遭到暴风雪的侵袭。几十、几百只白嘴鸦因体力不支而死在半路上。

它们中的强者最先飞到了。现在它们正在歇息。它们有的在路上大摇大摆地踱着方步,有的用坚硬的嘴巴刨着泥土。

天空中原来堆积的大团大团的沉甸甸的乌云飘散了。天空蔚蓝蔚蓝的,飘浮着雪一样洁白的云彩。

第一批小野兽出世了。麋(mí)鹿和牡鹿都长出了新的犄(jī)角。森林里,金翅雀、山雀和戴菊鸟唱起了欢快的歌。

森林通讯员在树根被掘起的云杉树下,找到了熊洞,于是轮流守候在洞旁,准备一看到熊走出来,就告诉大家。

在守候熊洞的时候,森林通讯员发现,在冰雪下面,一股股雪水汇集成小河。森林里,树上的积雪也化成水纷纷滴落。到了晚上,寒气又把融化的水重新结成冰。

鸟类中下蛋最早的要数乌鸦。它把巢筑在高大的云杉上,云杉上常常被厚厚的雪覆盖着,雌乌鸦就一直守在巢里,因为它怕蛋被冻坏,更怕冻死蛋里的小乌鸦。雄乌鸦会按时把食物给雌乌鸦送到巢里。

◉《森林报》通讯员

所有的小兔娃都是大家的

田野里的积雪还没化尽，但兔妈妈已经生下了小兔娃。

小兔娃一生下来就睁开了眼睛，身上还穿着暖和的小皮袄。它们一出生就会跑，只要吃了妈妈的奶，就到处跑动，或者藏在灌木丛和草墩下面。兔妈妈跑得不知去向了，但小兔娃们乖乖地躺在那儿，不叫唤，也不乱动。

一天、两天、三天过去了。兔妈妈在田野里到处蹦跳奔跑，好像早把孩子们给忘掉了。但小兔娃们仍然躺在那儿。它们可不敢瞎跑，因为如果被老鹰看见，或者让狐狸跟上就麻烦了。

终于，有一位兔妈妈从小兔娃们身边跑过。呵，不对，那不是它们的妈妈，是一位它们并不认识的兔阿姨。小兔娃们赶快跑过去央求她："喂喂我们吧！"兔阿姨迟疑着说："嗯——好吧，就吃我的奶吧！"慷慨的兔阿姨把小兔娃们喂饱了，就又跑开了。

小兔娃们又回到灌木丛中去躺着。而这时，它们的妈妈还不知道在什么地方正喂着别人家的小兔娃呢！

原来，兔妈妈们早就约定好了：所有的小兔娃都是大家的，不管在哪里，不管碰到谁家的孩子，都要给它们喂奶吃。亲

生的和别人家的都一样对待。

所以，不要以为小兔娃们离开了妈妈就会受苦，才不呢！它们身上穿着小皮袄，那真叫暖和！ 兔妈妈和兔阿姨们的奶又香又浓，它们饱饱地吃上一顿，就可以几天都不感觉饿。

过了八九天，小兔娃们就能吃草了。

春天开放的第一批花

第一批花出现了，但你千万别在地面上找，因为地面还被积雪覆盖着呢。 森林的边缘能听到潺潺（chán chán）的流水声，人们可以看到，沟渠里的水已经满满的了。 哦，就在那里，在这褐色的春水上面，榛（zhēn）子树那光秃秃的枝头，首先开放了春天的第一批花。

在榛树的枝头，垂下一根根柔软而富有弹性的小尾巴，植物学上叫做"荑（róu tí）花序"。 但其实它们并不像一般植物的花序，你只要捉着这根小尾巴摇一摇，上面就会有许多花粉扑簌簌地飘落下来。

很奇怪，就在这些榛树的枝上，竟然还有别的模样的花。 这一种花，在一个蒂上长两朵，也有的长三朵，它们生在一起，人们常常容易当成叶芽。 只是每个芽尖上，都伸出一对长长的小舌头，鲜红鲜红的。 原来它们是雌花的柱头①。它们接受从别的榛子树枝上飘来的花粉。

风随心所欲地在榛树光秃秃的枝杈间游荡，由于没有树叶的阻挡，风可以随意地摇动这些小尾巴，或者把花粉送到那些小舌头上。

榛子花开到一定程度就会凋谢，那些小尾巴就会脱落，小舌头也会干枯。那时，所有的花都会变成一颗颗榛子。

改变了颜色的动物

在森林里，凶猛的野兽袭击温和的动物是常见的，无论在哪里，只要这些性情温和的动物被凶猛的野兽发现，肯定在劫难逃。

一到冬天，兔子、山鹑（chún）在它们白色外衣的掩护下，不容易在白雪覆盖的地面上被发现。但是现在冰雪开始融化了，很多地方已经露出了黑褐色的地面。像狼呀、狐狸呀、鹞鹰呀、猫头鹰呀，就连白鼬（yòu）和伶鼬这种小型的食肉兽，隔着好远就能发现化了雪的黑色土地上穿着白色外衣的兔子和山鹑。

因此，小白兔和白山鹑就想出自己度过春天的妙计，它们脱下了白色的外衣，使身体改变了颜色。小白兔变得全身灰灰

---

①柱头就是花朵中雌蕊的最尖端。

的；白山鹑褪掉了白色的羽毛，长出褐色和带着红条纹的羽毛。 它们这么一换装，就不容易被发现了。

一些食肉动物也只好随之改变了身上的颜色。 伶鼬和白鼬本来在冬天是白色的，只有尾巴尖是黑色的。 那时，它们很容易在雪地里偷偷地潜伏，随时能够袭击小动物们。 而这时，它们也都换毛了，这两个家伙也变成了一身灰色，只有白鼬的尾巴尖上还是黑的，但这点黑色无论在冬天和春天都不会坏它的好事。 因为在土地和草丛中，类似的枯枝败叶等东西也都是黑色的，到处都可以看到。

到这儿过冬的客人

在列宁格勒各处的公路上，随处都可以看到一群群白色的小鸟，它们的模样很像鹀（wú）鸟。 这些到这儿过冬的客人就是雪鹀和铁爪鹀。

它们的老家就在北冰洋沿岸和那些岛屿的冻土带上。 在那里，泥土解冻还要好长的时间呢！

发生雪崩了

令人恐怖的雪崩在森林里发生了。

当时，松鼠正在自己搭在高大的云杉上的窝里做着美梦。 忽然，一个沉甸甸的大雪团从树梢上落下来，正好掉在松鼠的窝上。 松鼠慌忙跳出窝外，但它那几个刚刚出生的弱不禁风的小松鼠还待在窝里呢。

松鼠立即把雪扒开了。 谢天谢地，雪只是压住了粗树枝搭成的窝顶，并没有压坏里面那铺着又软又暖的苔藓的窝。

窝里的小松鼠竟然也没被惊醒，它们还小呢，就像一个个刚出生的小肉团，浑身光溜溜的，既看不见东西，也听不到声音。

潮湿的地洞

雪不停地在融化着。 居住在森林地下的动物们的日子就难过了。 比如鼹（yǎn）鼠、鼩鼱（qú jīng）、野鼠、田鼠、狐狸，以及其他居住在地洞里的大大小小的野兽们，都被洞里的潮湿搞得很痛苦。

唉，等所有的雪都化成水了，它们的日子恐怕会更难过了。

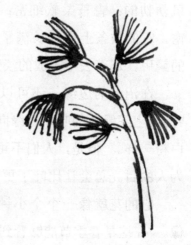

特别的茸毛其实是花

沼泽上的雪都化尽了，一个个矮草丛之间都是水洼。 在草丛的根部，有些白花花的小穗，在那些泛绿的光溜溜的羊胡子般的草茎上摇曳着。

这难道是去年秋天没来得及飞走的种子吗？ 它们竟然在大雪之下

熬了整整一个寒冬。哦，可能不是，因为它们显得干干净净的，非常新鲜，无论如何不能让人相信它们是去年剩下来的。当你采下这些小穗，拨开那些茸毛，谜底就揭开了：原来它们是花呀！

白色的银丝一样的茸毛中间，露出了鲜黄的雄蕊和细细的柱头，这就是羊胡子草的花，花上的茸毛把花保护得暖暖的。因为在这个季节，夜里还是很冷的。

在四季常青的森林里漫步

在热带或者地中海沿岸，都可以看到四季常青的植物。同样，在苏联北方的森林里，也可以看到四季常青的植物。就在这个季节，在森林的第一个月里，如果你在森林里散步，看不到褐色的枯枝败叶，只有四季常青的植物，的确是一件让人心旷神怡的事。

"草色遥看近却无"，那些小松树已经透露出毛茸茸的绿色。走在它们中间，该是多么快乐的事呀！这里到处都是生机勃勃的：青苔柔软细密；越橘的叶子亮闪闪的；哦，还有石南，它的枝条上已经长满了小小的叶芽，就像长着一片片绿色的鳞甲，还有去年开放的淡紫色的小花残留在上面。

在沼泽的边缘，还可以看到一种四季常青的灌木——蜂斗叶。它深绿色的叶子边缘向上卷起，露出的背面就像刷了一层白粉一样。但是，人们不可能站在这种灌木的叶子前好久，因为人的目光总会让比叶子更好看的花吸引过去。

它的花就像一个个小钟似的，颜色十分鲜艳，跟越橘花很像。在这早春季节能够看到这些花开放在森林里，真是让人喜出望外！

回家的时候采一束带回去，人们肯定不会相信这是从野外采的，会认为它是从温室里摘下的。 因为人们很少会在一开春就到森林里去散步。

鹞鹰和白嘴鸦

不知道是什么鸟从森林通讯员的头顶掠过，还发出"噼——啪！ 呱——呱——呱！"的叫声。

森林通讯员抬头看去，只见 5 只白嘴鸦正在追赶一只鹞鹰。 鹞鹰左躲右闪，但白嘴鸦却还是追上它了，用嘴啄鹞鹰的头。 鹞鹰痛得高声尖叫。 它们打了一阵，鹞鹰才侥幸脱身，狼狈逃走。

森林通讯员爬到一座高山顶上，从这里能够看到很远的地方。

森林通讯员看到，鹞鹰飞落到一棵大树枝上休息。 突然，一大群白嘴鸦不知从哪儿飞来，尖叫着扑向鹞鹰。 鹞鹰被迫反击，它一声长啸向一只白嘴鸦反扑过去。 那只白嘴鸦害怕了，它赶紧闪向一旁。 鹞鹰机敏地抓紧机会冲上了高空，白嘴鸦们没有拦住它，眼睁睁地看着就要到手的俘虏逃脱了，它们只好飞散到田野里去了。

森林里传来第二个消息

椋鸟和云雀都飞来并晾出优美的歌喉。

森林通讯员已经等了好久了,但熊还没有从洞里爬出来。森林通讯员想,难道熊们已经冻死在洞里了?

突然,洞上面覆盖的雪微微地动起来了。

但是,从雪下面钻出来的却并不是熊,而是一头从未见过的野兽。这个野兽只有小猪崽那么大,全身长满了毛,肚子上的毛是黑色的,浅灰色的头上有两道黑色的条纹。

哦,原来这不是熊的洞,而是一个獾洞,从里面爬出来的是一只獾。

现在,獾结束了冬眠,它要趁着每晚的夜色去寻找蜗牛、各种甲虫和植物的根来吃,还可以捉老鼠来充饥。

森林通讯员重新在森林里到处寻找,终于又找到一个洞,这才真正是熊的洞!

熊还在呼呼大睡呢。

雪在不停地塌落,春水已经漫上了冰面。琴鸡在四处求偶,啄木鸟也在树上敲响了梆子声。啄冰的白鹡鸰(jí líng)也飞回来了。

在原来走雪橇的道上,路面变得泥泞不堪,农庄的人们只好改乘马车。

都市新闻

猫在屋顶上开音乐会

　　每天晚上，猫儿们都会在屋顶上活动，就像举行音乐会一样。　猫儿们很喜欢这样。　但几乎每次，音乐会都是以歌手们的大打出手而收场。

顶楼上还有故事

　　一位《森林报》的记者这几天要考察顶楼上的动物们的生活条件，他走访了市中心的很多住宅区。

　　鸟儿们占据着顶楼的各个角落，它们非常满意自己的住宅。谁怕冷的话，就靠得壁炉近一些，享受着免费的暖气。　母鸽正在孵蛋，麻雀和寒鸦飞遍满城，搜集做窝用的稻草和铺垫用的绒毛和羽毛。

　　鸟儿们最有意见的是，有些可恶的猫儿和男孩子，常常会破坏它们的窝。

麻雀事件

一阵吵闹声和厮打声从椋（liáng）鸟的家门口传来。 绒毛、羽毛和稻草随风舞动。

原来，椋鸟回到自己的家后，发现家已经被麻雀占据了，就把它们往外撵。 然后，再把麻雀搜集来的那些稻草、绒毛等都扔了出来，所有麻雀留下的痕迹都被打扫干净了。

有一个泥瓦匠正站在脚手架上补屋顶下的裂缝，麻雀在屋顶上下来回蹦跳。 突然，麻雀发现了屋檐下的情况，就大叫一声，向泥瓦匠的脸上扑了过去。 泥瓦匠连忙用抹泥灰的小铲子抵挡着。

泥瓦匠怎么也没有想到，他封住的正是麻雀筑在裂缝里的窝，里面已经有了麻雀下的蛋。

吵闹、厮打声响成一片，绒毛、羽毛随风舞动。

◉本报通讯员　尼·斯拉德科夫

睡眼惺忪的苍蝇

有一些大苍蝇出现在街头上，它们的身上闪着一种蓝中透绿的金属光泽。 它们虽然个子很大，但就像睡着的秋虫一样睡眼惺忪的样子。 它们还不会飞，只是勉强靠它们的细腿在屋子的墙壁上吃力地爬着。

这些苍蝇整个白天都在晒太阳，而到了晚上就又爬回墙壁的裂缝和篱笆的缝隙里去。

"流浪者杀手"苍蝇虎

号称"流浪者杀手"的苍蝇虎，出现在列宁格勒的街头上。它们是一种蜘蛛。

俗话说，"流浪的狼最爱把人伤"，苍蝇虎也是一样。它们不像其他蜘蛛那样织上巧妙的网来捕食，而是埋伏在地面上，并且到处流浪，遇到苍蝇或者其他昆虫就会猛扑过去吃掉它们。

晒太阳的石蚕

从河面冰块的缝隙中，爬出了一些傻头傻脑的灰色小虫子。它们爬上岸后就脱去身上的一层皮，变成了长着翅膀，身体细长而匀称的飞虫。它们既不是苍蝇，也不是蝴蝶，而是石蚕。

虽然这时石蚕的翅膀已经很长了，身体也足够轻，但它们还是飞不起来，因为它们还太弱小，还需要靠阳光来慢慢生长。

它们小心翼翼地爬过马路，可还是有一些石蚕会被人和马踩死或被车轮轧死，麻雀见到也会啄食它们。但幸存下来的仍然向前爬、向前爬，它们数以千万计，还多得是呢。

那些爬到马路那边去的，就会爬到房屋的墙壁上去晒太阳。

80 年的物候学观察

从 19 世纪 60 年代起，著名的自然科学家凯哥罗多夫教授开始在列斯诺耶进行物候学①观察，这种观察已经不间断地进行了 80 年了。

苏联地理协会下设的一个以凯哥罗多夫命名的专门委员会，现在仍然主持这项工作。

全国各地的物候学爱好者们，都把自己的考察情况写成材料寄给委员会。多年来，他们已经积累了大量的资料，比如鸟类的迁徙，植物花朵的开败，昆虫的出现和消失等等。这些甚至可以编制成一部《自然历书》。我们可以借助这本历书来预测天气，安排各种农事工作的日期。

到目前为止，列斯诺耶观察站已经有 50 多年的历史了，这种全国性的中央物候学观察站，在全世界范围内只有 3 个。

---

①物候学又叫"生物气候学"。它是研究生物生命活动现象与季节变化关系的学科。

给椋鸟准备住宅

如果想让椋鸟在我们的园子里住下来，就得赶快给它们准备住宅。

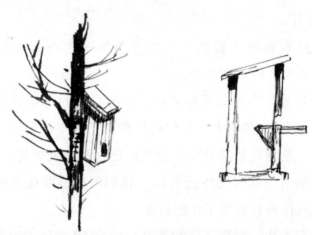

给椋鸟准备的住宅要干干净净的，门要开得很小，让它们能钻进去而猫却进不去。

为了不让猫爪子掏到椋鸟，还要在门里面钉一块三角形的木板。

跳舞的小蚊

一到晴朗暖和的日子，小蚊们就会在空中跳舞。但你不必担心，它们不会叮人，因为它们只顾跳舞。

跳舞的小蚊聚成一群，就像一根圆柱子一样，在空中不停地旋舞着、拥挤着。它们就像点缀在天空中的一个个黑点，也像人脸上的颗颗雀斑一样。

第一批出现的蝴蝶

蝴蝶开始飞出来透透气，在阳光下晒晒翅膀了。

第一批出现的，是那些在顶楼上熬过寒冬的黑褐色带着红斑点的荨麻蛱蝶，还有淡黄色的柠檬蝶。

在园子里

在花园和果园里，胸脯淡紫色、脑袋淡蓝色的雌燕，正在高声地鸣叫着。它们聚集起来，等待着雄燕的到来。雄燕总是比雌燕飞回得晚一些。

崭新的森林

为了在祖国的草原地区造林，100多年来，人们不断地进行着科学勘察和栽种树木的实际工作。

全苏联造林会议这时召开了。列宁格勒的林务员和森林学家们也参加了这个会。

他们选定了300种乔木和灌木，用来做草原植树的树种。

这些选出来的树种都能适应草原上的各种生存条件。

比如说栎（lì）树和锦鸡儿、忍冬以及其他灌木吧，它们就能适应顿涅茨草原上的生存条件。

苏联的工厂里已经制造出了一种新型机器，这种机器可以使人们大大提高造林的效率，在很短的时间内，就可以栽上很大面积的树苗。

现在，全国已经造了几十万公顷的新森林了。用不了几年，整个苏联就会造出几百万公顷的新森林。

早春花儿开

款冬花已经在果园、公园和庭院里到处开放了。

街上有人在卖成束的鲜花，那是他们从森林中采摘下的早春花。卖花人给它们起名叫"雪下紫罗兰"，但它们的颜色和香味与紫罗兰都相差很远。其实这种花真正的名字叫"蓝花积雪草"。

树木也开始苏醒，白桦树的树干中已经流动出树液了。

什么生物漂来了

春天到了，在列斯诺耶公园的峡谷里，一条条小溪在淙淙地奔流着。 在一条小溪上，我们《森林报》的几位记者用石块和泥土筑了一道拦水坝，大家守候在这里，看能有什么生物从上游漂到他们的水塘里来。

大家等了好长时间，也没看到有生物漂过来，只是看到一些木片和小树枝，它们打着旋儿转进了水塘。

后来，终于等到了一只被溪水从溪底下冲出来的老鼠。它不是我们在家里日常看到的那种长尾巴灰灰的普通老鼠，而是棕黄色的，尾巴很短——原来是田鼠。 这只死田鼠大概在雪底下躺了一个冬天，现在积雪融化了，就被溪水冲了出来。

再后来，又有一只黑甲虫流进了水塘。 它还在拼命地挣扎着，在溪水里打着旋，但怎么也逃不出来。 开始大家以为是一只水栖的甲虫，等捞起来一看，原来是人们讨厌的屎壳郎。 它也睡醒了，当然它不是自己跳到水里去的。

又过了一会，有个家伙长长的后腿一蹬一蹬地自己游到了水塘里。 你们猜猜这是什么呀？ 原来是青蛙！ 虽然四处还有积雪，但这家伙一见到水就马上赶来了。 它从水里爬上岸，三下两下就跳进灌木丛里去了。

最后，又有一只小兽游了过来。 它浑身是褐色的，特别像一只家鼠，但尾巴却很短，原来是水老鼠。 春天到了，它显然已经吃光了冬天储备的大量食物，出来找吃的了。

款冬的能储备养料的细茎

在小丘上，款冬已经冒出了一丛丛细茎。

款冬的每个茎丛都组成了一个小家庭，辈分大的是那些细长的高昂着头的茎；而紧挨在高茎旁边那些粗短的、略显憨态的，是幼小的晚辈。 还有一些长得很滑稽的茎，它们低头弯腰站在那儿，好像因为刚刚出世，这些娃儿们还有些害羞呢。

这些小家庭中的成员都是从一段地下根茎长出来的。 这段根茎从去年秋天起，就开始储备充足的养料。 如今，这些养料已经足够整个花期的消耗了。

不久，每个小脑袋都会变成一朵辐射状的小黄花，说得再准确点，不是一朵花，而是花序，是一束紧密地挤在一起的小花。 花儿开始凋谢时，叶子就会从根茎里长出来。 叶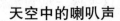次在根茎里储藏起来。

◉尼·巴布罗娃

天空中的喇叭声

当列宁格勒还在晨光中沉睡的时候，居民们奇怪地听到天空中传来了喇叭声。 当时街道上静悄悄的，所以听来格外清晰、响亮。

眼力好的人仔细一看，就可以看到有一大群脖子又长又直的白色的大鸟，正从云层下面飞过。 这是一支爱叫的野天鹅队列。

每年的春天，它们都会从我们城市的上空飞过，一边飞一边用吹喇叭似的叫声来和人们打招呼。 只是有时城市里人来车往，声音嘈杂，我们不容易听到它们的叫声。

现在，它们正忙着赶往科拉半岛阿尔汉格尔一带，或者到梅津河、伯朝拉河两岸去筑巢，生儿育女。

每人做一个椋鸟房

学生们焦急地等待着长着羽毛的朋友们。 委员会交给我们每个少年学生一个任务：每人做一个小鸟屋。 大家都忙碌起来。

这里有一个木工厂，如果哪位同学不会做，就可以到那里去学习。

学生们在学校的果园里挂上许多鸟屋，希望鸟儿们能在这儿住下来，保护果园的苹果树、梨树和樱桃树，避免受到那些害虫的侵犯。

等到欢度飞禽节①那天，每个少年学生就把他造的鸟屋带到庆祝会上来。 学生们已经商量好了：这个小鸟屋就是参加庆祝会的入场券。

●本报通讯员　诺威科良吉克

---

①每年春天,苏联的学校都要举行一次飞禽节,这天每个学生都带了鸟来放生,并做一些对益鸟有意义的事情。

森林里传来第三个消息

我们在熊洞附近耐心地轮流等待着。

突然，我们发现积雪被什么东西从底下拱了起来，接着就露出一个野兽的大黑脑袋。是一只母熊钻出洞来了。在它的身后还跟着钻出两只小熊。

只见母熊张开血盆大口，美美地打了个大哈欠，然后就向林里走去。小熊跟在它后面，一边走一边高兴地蹦跳着。刚钻出洞时看着瘦瘦的小熊，一会儿就变得毛茸茸的了。

现在，母熊正急切地在森林里走来走去。经过漫长的冬眠之后，它已经饿得发慌了，所以遇到什么就吃什么。树根呀，去年的枯草呀，浆果呀，什么都变成了它口中的美食，当然更不会放过一只小兔子。

春水泛滥

冬天的政权被推翻了。云雀和椋鸟唱起了歌。春水冲破了寒冰，自由地在广阔的田野上奔涌。田野里的积雪也被阳光染红了。从积雪下冒出一片片碧绿的小草，呈现出喜气洋洋的春景。

在春水泛滥的地方,看到了第一批野鸭和大雁。我们还看见了第一只蜥蜴,它从树皮底下钻出后就爬到树墩上晒太阳。

春水隔断了城乡之间的交通,道路被冲毁了。

每天都有新的情况发生,多得我们都记录不过来了。

森林通讯员将把动物们由于春水泛滥而受到的灾情,写成信件让飞鸟传送,刊登在下一期的《森林报》上。

●本报特约通讯员

农庄生活

农庄新闻

空中食堂救助麦苗

积雪已经化完了，田野里整个儿被青青的细小的苗儿覆盖着。 但大地还没有完全解冻，小草根无法从土里吸收到营养，这些可怜的小苗于是只好挨饿了。

但是，这些小苗却是农庄庄员们的宝贝呀！ 它们看似野草，却是人们播下的冬小麦。 庄员们给麦苗准备了好食物，草木灰呀，鸟粪呀，有机粪汁呀，以及各种盐类。

给这些挨饿的麦苗的食物，都是从空中食堂里分发的。 飞机在田地上空飞过，撒下这些食物，这样每一棵麦苗就可以吃得饱饱的了。

留住春水润秧苗

田里的积雪化成的水，竟然想由着自己的性子流到洼地里去。 农庄的庄员们及时地截留住它们，办法是在积着厚厚的雪的斜坡上筑上一道横坝。

水被截留在田里了，它们开始慢慢地渗入土里。 居住在田里的绿色秧苗们，已经感觉到水在渐渐地流到自己的根部，它们为此高兴极了。

100个新出生的猪宝宝

昨天晚上，农场猪舍里值班的饲养员们接生了100个小猪娃。 它们个个胖乎乎的，长得很壮实，一出生就哼哼地大叫。

9位年轻幸福的猪妈妈总是焦急地等着：饲养员怎么不快点儿把翘鼻子、小尾巴、全身通红的小宝宝们送来喂奶呀！

播种马铃薯

从寒冷的仓库里，庄员们把马铃薯的种豆搬到暖和的土壤里去了。

马铃薯对温暖的新环境感到非常开心，高兴地开始生长发芽。

●尼·巴布罗娃

猎获求偶的鹬鸟

白天，猎人从城里出发，傍晚的时候就到了森林。

这天阴沉沉的，没有风，正下着毛毛细雨，不过天气还算暖和，正是鹬(yù)鸟在天空中求偶的好天气。

猎人在森林边选了一块地方，靠着一棵小云杉站着。四处都是一些不高的赤杨、白桦和云杉。太阳还有十来分钟就要下山了。现在他可以抽根烟，再过一会可就不行了。

猎人站在那儿侧耳倾听着森林里各种鸟儿的歌唱：鸫(dōng)鸟在尖尖的枞树顶上高声鸣叫；红胸脯的欧鸲在丛林里小声地啼着……

太阳终于落下去了。

鸟儿们也不约而同地渐渐停止了歌唱。最后，最爱唱歌的鸫鸟和欧鸲也沉默下来。

突然，在森林的上空，发出了轻轻的响声："唧唧！""嚯尔——尔——尔！"

猎人浑身一激灵，立即把猎枪搭在肩上，站在那儿屏住了呼吸。这是从哪儿来的声音呢？

“唧唧！”

“嚯尔！ 嚯尔！”

哦，还是两只呢！ 两只勾嘴鹬正飞过森林上空，它们快速地扑扇着翅膀，向前飞去。 一只追着另一只，但又不像在打架。 原来，是一只雄的在追一只雌的。

“砰！”

后面那只勾嘴鹬像风车似地旋转着，缓缓地向灌木丛落下去了。

猎人快步向它跑过去，如果这只受伤的鸟儿逃走，或者躲进灌木丛，就不容易找到它了。

勾嘴鹬羽毛的颜色和枯枝败叶的颜色差不多。 仔细一瞧，原来它就挂在灌木丛上。

这时，从另一个地方又传来了勾嘴鹬求偶的叫声。 但是太远了，猎枪根本打不着它。 猎人又倚在一棵小云杉后面，仔细地听着。 森林里静悄悄的。

忽然又传来这样的叫声：“唧唧！”“嚯尔！ 嚯尔！”

声音就在那边，但还是太远了……要不把它吸引过来？ 也许可以？

猎人把帽子摘下来，向空中一抛。 雄勾嘴鹬眼力很好，它正在傍晚的昏暗中寻找雌勾嘴鹬，于是它立即发现了这个一起一落的黑糊糊的东西。

是我的对象吗？ 雄勾嘴鹬立即扭过头向猎人这边飞过来。

“砰！”这只也一个跟头栽了下来，就像一块木头一样落在地上。

天渐渐黑了下来，四处都响起“唧唧！”“嚯尔！ 嚯尔！”的声音。

猎人兴奋得双手都在发抖。

"砰！"没有打中。

"砰！"又没打中。

还是暂且放过这一两只吧，休息一会儿，该定一下神了。

好了，手不抖了。现在可以开枪了。

森林深处已经漆黑一片了，一只猫头鹰低沉地发出一声怪叫，吓得一只正睡眼蒙眬的鸫鸟惊叫起来。

天黑透了，再过一会就打不了枪了。

终于，又听到了勾嘴鹬的叫声："唧唧！"

另一边也响起同样的叫声："唧唧！"

原来是两只雄勾嘴鹬在猎人头顶上相遇了，它们一照面就厮打了起来。

"砰！砰！"两声枪响，一对雄勾嘴鹬应声而落。一只就像土块一样直落下来；另一只翻着跟头，正好落在猎人脚边。

现在该转移了。趁着林中的小路还看得见，得赶到鸟儿交配的地方去了。

交配的松鸡被打死了

夜里，猎人坐在森林里，吃了点干粮，喝了些瓶中的水。这时可不能生火，不然会惊动鸟儿的。

等不了多久，天就要亮了。松鸡总是很早，赶在天亮之前就进行交配。

寂静的黑夜，被一只猫头鹰的怪叫声打破了。

这个可恶的家伙，会把交配的松鸡吓跑的！

　　东方的天空渐渐露出了白色。 听，一只松鸡在什么地方"咯！ 咯！"地唱了起来，那声音隐隐约约地刚刚可以听到。

　　猎人跳起身来，侧耳倾听着。

　　听，又有一只松鸡叫了起来。 它就在附近，离猎人不过150步。 随即又一只叫了起来。

　　猎人蹑手蹑脚地向前挪动着，向发出叫声的地方走去。 他端着枪，手指头扣着扳机，眼睛盯住那黑黑的粗大的云杉。

　　"咯！ 咯！"的叫声停止了，但另一种"嗒！ 嗒！"的叫声却响了起来。

　　猎人三步两步蹿了过去，然后纹丝不动地站住了。

　　叫声停止了。 四处一片寂静。

这时的松鸡可警觉了，它也在注意听着呢！ 这个机灵的家伙，只要树枝被碰得发出一点声响，它就会拍着翅膀飞走。

它没有听到什么。 于是又"嗒！ 嗒！"地叫起来。 那声音就像两根响木轻轻碰击发出的声响。

猎人仍然一动不动地站着。

松鸡放心地高声叫了起来。

猎人又向前跳过去。

松鸡尖叫一声，又停住了歌唱。

猎人另一只脚还没落地，他就不敢再动了。 松鸡也在那里留神倾听着。

过了一会，它又啼叫起来："嗒！ 嗒！"

它一遍又一遍地叫着……

猎人已经离它很近了，松鸡就在前面这几棵云杉上，而且离地不高，就在树的半腰处！

它已经唱得昏了头，只顾忘情地叫着，现在你就是在旁边呵斥它，它也毫不在乎了！ 但当时它还是藏在漆黑一片的针叶丛中，很难判定它的准确位置。

哦，原来就在这儿！ 就在一根毛蓬蓬的云杉枝上，离猎人不过 30 步开外。 瞧，它那黑黑的长脖子，上面有一个生有山头胡子的头。

它又不叫了，现在可不能轻易动弹。

"嗒！ 嗒！ 嗒！"它又开始叫起来。

猎人端起枪，瞄准那个长着山头胡子的脑袋、尾巴像展开大扇子一样的猎物。

"砰！"的一声枪响，眼前一团烟雾，只听到它沉重的身体压断一根根树枝的喀喀声。

　　"嘭！"的一声，它重重地摔到雪地上。

　　好大的一只公松鸡呀，最少有 5 公斤重！浑身乌黑，眉毛通红，就像被血染的一样。

森林戏剧

琴鸡交尾时的枪声

森林里有一块大大的空地，在这里有一个剧场。太阳还没有升起来，但四周已经能看得清清楚楚的了，因为这时正是列宁格勒的白夜①。

聚在一起来看表演的，是一些身上生有麻斑的雌琴鸡。它们有的蹲在地上吃东西，有的老老实实地蹲在树枝上。都在耐心等待着表演开场。

看，有一只雄琴鸡从森林里飞到剧场来了。它浑身乌黑，翅膀上有几条白色的条纹。它是交尾表演的重要角色。

它用那黑纽扣般的大眼睛向表演场四周打量了一番，发现只来了一些看戏的雌琴鸡，而其他演员却还没到场。

但是，那边怎么一夜之间长出了些矮树丛呢？昨天还没有呢！这真让它奇怪：一昼夜之间竟会长出一米多高的云杉来？一定是自己记错了，毕竟上年纪了。

该进行表演了。

雄琴鸡又扫视了观众一眼，然后把脖子弯到地，翘起美丽的大尾巴，翅膀斜斜地垂到地上。

随后，它口里念念有词，叽里咕噜的。台词的大意是：

"我要卖掉皮袄，买件大褂，买件大褂！"

"嗒！"的一声，又有一只雄琴鸡飞落到场上。

---

①白夜，就是比较明亮的夜晚。列宁格勒距北极很近，春天，天黑得比冬天迟，就是到了夜里，天色还很亮，所以叫做白夜。

"嗒嗒！"声还没停，连续飞来了一只又一只雄琴鸡。

哇，那位重要角色生气了！浑身的毛都竖了起来。脑袋贴到了地面上，尾巴像一把扇子大大地张开，口中发出了一声声怒吼："唬唬！嘿！唬唬！嘿！"

它这是发出了挑战，意思是说："谁要不怕让我撕下羽毛，那就上来吧！"

场地的另一头，有一只雄琴鸡应战了："唬唬！嘿！你要不是胆小鬼，那就过来比试一下！"

"唬唬！嘿！唬唬！嘿！……"挑战应战声此起彼伏，足足有二三十只雄琴鸡，简直数不胜数！它们只只都做好了战斗的准备，你想跟谁打就跟谁打吧！

那些雌琴鸡们则不动声色地蹲在树枝上，似乎对这里的表演漠不关心。其实这些美女们心眼多得很。这场表演就是给它们看的。那些抖着带白条纹的黑尾巴、眉毛也激动得火一样红的斗士们，正是为了它们才奔到这儿来的。

每一名斗士都想在美女们面前显示自己的勇猛和力量。那些呆头傻脑、弱小胆怯的可怜虫们趁早快滚到一边去！只有胆大勇敢、灵活机智的勇士才能配得上这些美女们。

看哪，好戏开场了。挑战声和怒吼声响遍了全场，雄琴鸡们弯下了身子，渐渐地向前逼拢，冲击拼搏。

两个勇士的头碰到了一起，它们相互用嘴巴向对方的脸上啄去。"唬嘿！"它们都发出怒吼和哀鸣。

天色渐渐亮了。白夜那笼罩在舞台上的透明薄幕慢慢地褪去了。在云杉丛中（到底这些云杉是从哪儿来的？）有一件金属物在闪闪发亮。

但是，这时雄琴鸡们已经顾不得留心这些了，它们眼里只有对手，一门心思在想着怎么对付敌人。

　　那位重要角色离树丛最近。它已经打败了两个对手，现在正跟第三个打得不可开交。它真不愧是一名主角，整个森林里再没有比它更强悍的了。

　　第三个对手也很勇敢，动作敏捷。它跳过去给了主角沉重一击。

　　"哇噜！"主角发出了愤怒的呵斥。

　　树枝上的美女们早就伸长脖子看呆了。这才是一场好戏呢！真正的勇士就应该这样战斗！第三个对手可不会被吓跑的，绝对不会。

　　两只雄琴鸡又跳了起来，扑扇着结实的翅膀厮打着，在半空中扭成一团。

　　啄呀，啄呀，一下，又一下，弄不清是谁啄谁了。只见两只雄琴鸡一起摔落在地，马上就分头跑开了。年轻的那只，翅膀折断了两根硬翎，身上蓝色的羽毛杂乱地竖在身上；年长的那只，火红的眉毛淌着血，它被啄瞎了一只眼睛。

　　美女们坐在树枝上有些心神不宁了。到底谁战胜了？难道是年轻的战胜了年长的？看那个小伙子多漂亮啊：密密的羽毛闪着蓝色的光芒，尾巴上布满了花斑，翅膀上的条纹色彩夺目！

　　看哪，这一老一少又跳了起来，扭作一团飞向半空。只见年长的在上面压着它的对手！

　　又摔倒在地，又分头向两边跑开。

　　随即进行下一轮厮杀，年轻的又占据了上面压住年长的！

现在要进行最后一轮厮杀了。 瞧着，它们又扭打在一起。

"砰！"一声枪响震彻整个森林。 从云杉丛里升腾起一团青烟。

场上的厮杀顿时停止了。 树上的雌琴鸡也伸长了脖子呆住了。 雄琴鸡惊恐地扬起红眉毛。

发生什么事了？

没有什么事，到处还是一片太平景象。

也没有生人闯入。

一片寂静。 云杉丛上的一团烟雾也散尽了。

一只雄琴鸡回过头来，一眼瞧见它的敌手就站在面前，于是它一纵身就扑了过去，对着敌手的脑袋猛啄。

表演继续。 一对对雄琴鸡又厮杀起来。

而树枝上的美女们却看到：刚才厮杀的那一老一少已经变

成了躺在地上的两具尸体。

莫非是它们相互杀死了对方？

演出还在继续，还是看下去吧。 今天的表演哪一对最精彩？ 今天哪一位黑斗士会成为冠军？

太阳升到了森林上空，剧场的戏散场了，观众们也都飞走了。 从云杉枝搭成的小棚子里走出一个猎人。 他捡起了浑身是血的老琴鸡和它的年轻对手，这是开猎以后的第一批猎物。

猎人把它们都塞进怀里，扛起枪，踏上了回家的路。

他穿过森林的时候，不时地竖起耳朵听，还四处张望着，生怕碰见什么人。 他今天做了两件不光彩的事：一是他在法律禁止猎杀的期间开枪打死了准备交尾的雄琴鸡；二是他杀死了交尾表演中的重要角色。

明天，森林剧场上的表演将无法继续下去了：因为缺少了重要角色，没有谁再来挑头表演了。

交尾场上的秩序被打破了。

◉本报特约通讯员

各方呼叫

无线电大通讯

呼叫！呼叫！

这里是列宁格勒《森林报》编辑部。

今天是 3 月 21 日春分，我们决定和全国各地举行一次无线电大通讯。

现在呼叫：东方！ 南方！ 西方！ 北方！

苔原！ 原始森林！ 草原！ 山区！ 海洋！ 沙漠！ 编辑部呼叫！

请报告你们那里当前的情况。

收到！收到！

北极收到

今天，我们这里喜气洋洋，到处都像过节一样。 漫长的冬天过去以后，太阳第一次露出了笑脸。

第一天，太阳只从海面上露出一个头顶。 只过了几分钟就不见了。 两天之后，太阳露出了半张脸。 又过了两天，太阳才高高地升起来。 现在，我们这里总算是可以过白天了。

尽管白天还很短，总共也就只有一个多小时天就会黑了，但其实这没什么关系。 反正晴朗的白天正一天比一天变长，明天会比今天长些，后天会更长些。

现在，我们这里的水面和陆地还都覆盖着厚厚的积雪和冰。 白熊还在它们的冰窝里呼呼大睡呢。 到处都没有一根绿芽，也看不到一只飞鸟，只有严寒和风雪陪伴着我们。

中亚收到

我们已经种完了马铃薯，又开始栽种棉花。 我们这儿的太阳是炙热的，街上都晒出了一层浮尘。 桃树、梨树和苹果树正开着花。 而扁豆、杏树、白头翁和风信子的花早已经凋谢了。我们已经开始了防护林带的栽种工作。

到我们这儿来过冬的乌鸦、白嘴鸦和云雀都又飞回北方去

了。　而家燕、白肚皮的雨燕之类的鸟儿又飞到我们这儿来度夏了。　在树洞和土洞里，红色的野鸭又孵出了小鸭。　这些小东西已经跳出洞，到水里游泳去了。

远东收到

我们这儿的狗，已经从冬眠中醒来了。

哦不，你没有听错，我说的就是狗，而不是熊，也不是土拨鼠或獾。

您以为任何地方的狗都不会冬眠吗？　可我们这里的狗就冬眠，整个冬天都在睡觉。

我们这儿就有这样一种野狗，它们的个头比狐狸小一点，短腿，一身棕色的毛又长又密，遮住了耳朵。

一入冬，它们跟獾一样钻进洞里睡觉去了。　现在它醒了，开始捉老鼠和鱼吃。

它们因为长得像美洲的浣熊①一样，所以它的名字就叫做"浣熊狗"。

在南部沿海，正是捕捉一种身子扁扁的比目鱼的季节。 在乌苏里边区茂密的森林里，小老虎出生了，现在它们已经睁开眼睛了。

我们天天都等候着回游到这儿的鱼类，它们每年都要从海洋游到我们这儿的河流里来产卵。

乌克兰西部收到

我们这儿正在播种小麦。

飞到南部非洲过冬的白鹳又回到我们这儿来了。 我们喜欢它们住到我们的家里来，就把一些重的旧车轮搬到屋顶上，供它们建窝。

看啊，白鹳正衔来粗粗细细的树枝，把它们放在车轮上，搭建它们的窝了。

––––––––––––

①浣熊长得像熊，"浣"，是洗的意思。因为浣熊在吃东西以前，总要把东西放到水里洗一洗，所以叫浣熊。

　　我们这儿养蜂的人家着急了，因为金黄色的蜂虎鸟飞来了。　这种小鸟长着美丽的羽毛，模样温文尔雅的，它们最喜欢吃蜜蜂。

苔原亚雅马尔半岛收到

　　在我们这里，还是严冬的景象，感觉不到一点春天的气息。

　　一群北极驯鹿正在用灵巧的蹄子扒开积雪，敲碎冰块，寻找青苔吃。

　　乌鸦就快要飞回到我们这儿来了！　每年的 4 月 7 日，我们

都要过"乌鸦节"来庆祝一下，当地叫做"乌恩嘉——亚烈节"。 我们这儿把每年乌鸦飞回来的那一天当开春，就和你们列宁格勒把白嘴鸦飞回的那一天当做开春一样。 但我们这里却没有白嘴鸦这种鸟。

新西伯利亚原始森林收到

我们这里的情况完全跟你们列宁格勒一样，也处于原始森林带，有着大片的针叶林和混成林。 这种森林带横贯我们的国土。

我们这里在夏天才有白嘴鸦，所以把寒鸦飞来的那天当做开春。 寒鸦每到冬天就飞走了，每年春天它们都最先飞回来。

我们这儿到春天天气也很暖和，但短短的春天一转眼就过去了。

外贝加尔草原收到

一群群粗脖子的羚羊离开我们，动身到南方的蒙古去了。

在前几天积雪初融的日子里，它们受尽了磨难。白天雪融化成水，夜里却又冻成了冰。平坦的草原变成了一个大溜冰场，羚羊光滑的蹄子踩在镜面一样的冰面上，一下就滑得四蹄分开。

但羚羊恰恰是靠它们那四条追风腿来活命的呀！

在这春寒时节，也不知道有多少只羚羊的性命被断送在狼和其他猛兽的口中！

高加索山区收到

在我们这里，春天的脚步是从低处走向高处，一步步从下往上把寒冬赶走的。

山顶上下着大雪，山下的谷地里却飘着雨。小溪里的水湍急地流着，第一次春水泛滥了。河水暴涨，漫过了河堤。浑浊的河水挟带着一路上冲刷下来的杂物向大海奔去。

山谷里鲜花盛开，树叶也舒展开了。在阳光明媚、暖和的南山坡，青翠的颜色正自下而上向山顶扩展开去。

鸟类、啮齿类和食草类动物比如鹿呀、兔子呀，还有野绵羊、野山羊，也随着那翠绿色向山顶上迁移着。而追踪着它们的狼呀、狐狸呀、森林野猫呀，还有连人都害怕的雪豹，也都跟着向山上跑去。

冬天逐渐退却到山顶上。春天接踵而至，一切生物也紧紧跟随着春天的脚步上山了。

中亚沙漠收到

我们这里的春天是快乐的。今年的春雨很充足，天气也还不太热。到处都绿草如茵，甚至连沙地上也长出了成片的小草。真是奇怪，这么多草是从哪里来的？

灌木长出了绿叶。沉睡了一冬的动物都从地下钻出来了。屎壳郎、象鼻虫已经在天空飞舞；全身亮晶晶的吉丁虫布满了灌木丛；蜥蜴、蛇、乌龟、土拨鼠、跳鼠等，也纷纷走出了深深的洞穴。

成群结队的大黑兀鹰从山上飞下来捉乌龟吃。它们用又弯又长的嘴，把乌龟肉从龟壳里啄出来。

春天的客人都纷纷飞来了，有小巧的沙漠莺，有爱跳舞的石鹭，还有各式各样的云雀，像鞑靼大云雀、亚细亚小云雀、黑云雀、白翅云雀、凤头云雀，它们的歌声响彻了天空。

在温暖明媚的春天，就连沙漠里也是一派生机，那里同样地孕育着各式各样的生命啊！

北冰洋收到

冰块、冰山漂在洋面上向我们而来。 冰上躺着一些海兽，除了两肋是黑色的，浑身都是灰色的。 这就是格陵兰雌海豹。它们将在这些寒冷的冰上生下毛茸茸、白胖胖的，长着黑鼻头、黑眼睛的小海豹。

小海豹刚出生还不会游泳，它们要在冰上躺很久才能下水。

黑脸、黑腰的雄海豹也爬到了冰面上。 它们要在这里褪下又短又硬的淡黄色的毛。 在换完毛之前，它们也得躺在冰上漂流一段时间。

快看哪，侦察人员正乘着飞机在海洋上空四处盘旋。 他们要查清哪些是冰原上带着幼崽的雌海豹，哪些是冰原上躺着正在换毛的雄海豹。

查明这些情况之后，他们就飞回去向轮船船长报告：哪儿的冰原上挤满了雌海豹，它们都把冰面遮得看不见了。

不久，一艘载着许多猎人的特备轮船就绕弯穿过一块块冰原，向侦察人员汇报的地方开去，去猎取这些海豹。

黑海收到

我们这儿没有土生土长的海豹，人们很难看到这种海兽。它3米多长的乌黑的脊背从水里露出来，一转眼又不见了。 这是一只来自地中海的海豹，它在一次偶然中经过博斯普鱼斯海峡游到我们这里来了。

但是，我们这里却有着许多另外一种野兽，就是生性活泼的海豚。 现在，就在巴统城一带，正是猎取海豚最忙碌的时节。

猎人们出海时坐着小艇，他们仔细观察着四处飞动的海鸥飞往哪个方向。 它们汇集在哪里，哪里就一定会有成群的小鱼。 海豚也一定会向那里游去。

海豚特别爱做游戏：它们就像马儿在草原上撒欢一样在水面上打着滚，有时还一只一只地从水里跳出来，在空中翻一个跟头。但是，现在可千万别到它们跟前开枪，那样会把它们惊走的。要跟踪到它们吃东西的地方去，等它们吃得忘乎所以的时候再打它们。这时，要把小艇开到离它们只有10至15米的地方，还必须眼快手疾，开枪迅速，把中枪的海豚马上拖到船上来，否则死海豚就会沉到海底去。

里海收到

我们里海的北部也有冰原，所以在冰原上经常能看到海豹的窝。

但是，我们这里雪白的小海豹已经长大了，连毛都换过了。它们先变成了深灰色，然后又变成棕色的。海豹妈妈从它们圆形的冰窟里钻出的次数越来越少，这是它们在小海豹断奶前，要最后给它们喂几次奶。

海豹妈妈们也开始换毛了。它们要游到另外的冰块上去，和躺在那里的雄海豹一起换上新装。但是，它们身下的冰块已经开始融化、破裂。它们只得爬到岸上去，躺在沙洲或沙滩上完成最后的换毛。

我们这里有喜欢旅行回游的海鲱（fēi）鱼、鲟鱼以及白鲟鱼等鱼类。它们从海洋各地汇集到一起，成群结队地挤在一起游向伏尔加河、乌拉尔河口一带。然后在那里安家，一直到这几条河流的上游解冻。

到了那个时候，它们就一群一群地争先恐后地逆流而上，冲到上游去产卵，那是它们从鱼卵变为成鱼的地方。那些产卵地都在遥远的北方，就是那几条河流的上游以及上游的支流里。

于是，渔民们沿着这些河流和支流，到处布下渔网，等候捕捞这些归心似箭要返回故乡的鱼群。

波罗的海收到

我们这里的渔民做好了准备，他们要去捕捞小鳁（wēn）鱼、小鲱鱼和鳘（mǐn）鱼。 而在芬兰湾和里加湾，等冰融化后，他们就要开始捕捞鲑鱼、胡瓜鱼和白鱼了。

我们这里的海港已经相继解冻，轮船从这里出发，踏上远航的旅程。

来自世界各国的船只，也开始在我们这里靠岸。 冬天即将远去，波罗的海幸福的日子就要到来了。

我们的无线电大通讯到此结束，下次大通讯将在 6 月 20 日进行。

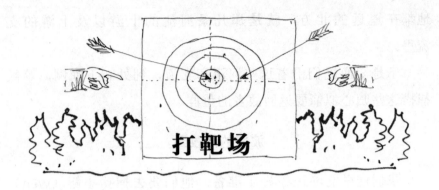

第一场竞赛

1. 按照森林历,春天从哪一天开始算起?

2. 干净雪和脏雪哪一种融化得更快?

3. 猎人为什么春天不打软毛兽?

4. 春天里,蝙蝠和飞虫谁出现得更早?

5. 在我们这一带,春天哪一种植物最先开花?

6. 春天,森林里哪一种鸟显著地改变羽毛的颜色?

7. 什么时候最容易发现白色的
   野兔?

8. 刚刚生出来的小兔子,是睁着眼
   的还是闭着眼的?

9. 这里画着两棵松树。你能分辨
   出它们当中哪一棵是在密林中
   长大的,哪一棵是在旷野里长
   大的?

10. 在我们这里,野兽中最小的是
    什么?

11. 在我们这里,鸟类中最小的是什么?

12. 这里画着 3 种不同的鸟嘴。其中一种是吃昆虫的,一种是吃谷和浆果的,一种是吃小兽和鸟的。根据鸟嘴的形状,如何可以把它们区分出来?

13. 在我们这里,哪种鸣禽的雄性是黄色的而雌性是绿色的?

14. 这儿有棵树,中部的树皮被兔子啃光了。兔子是如何爬到这么高的位置上的?为什么挨近树根的树干下部却没被啃坏呢?

15. 一年当中,哪两天太阳在天空中停留整整 12 小时?

16. 顶朝下生长的是什么东西?

17. 不生炉子,也不点柴火,却能让你浑身暖和。(谜语)

18. 飞时静无声,落下静无声。等到尸体
化成水,这才发高声。(谜语)

19. 黑马拖着车子跑,却把车辙留下了。
(谜语)

20. 冷时一身白,暖时穿五彩。(谜语)

21. 冬天取暖靠它,春天化成一洼,夏天
看不见它,秋天准备迎它。(谜语)

22. 追忆昨天,展望明天。(谜语)

23. 枝杈很多,猜树错过。(谜语)

通 告

住宅急征

我们现在征求用木板钉成的小房子。木板得结实，至少要有两厘米厚。木板房的规格是：高 32 厘米，面积是 15×15 厘米，门方向朝南，5 厘米大，离地板 23 厘米高。

椋鸟启

我们日内就要到达此地了。现在征求菱形小房子，四壁的面积是 12×12 厘米，门 1 厘米大。

捉昆虫的杂色鸟儿
朗鹟启

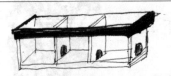

我们将于 5 月到此，我们征求的房子里面须有隔板，隔成 3 个房间。房子的总面积是 12×36 厘米，门要开在屋檐下面，4 厘米。

雨燕启

我们征求木板房，条件如下：高 11 厘米，面积是 11×11 厘米，门 4 厘米，离地板 7 厘米高。

白鹡鸰启
（我们已经至此）
灰鹟启
（我们将于 5 月到此）

森 林 报

No. 2

鸟类返回月
（春季第二月）

4月21日——5月20日

太阳进入金牛宫

栏 目

一年 12 个月的阳光组诗　　　农庄新闻

森林记事　　　都市新闻

飞鸟传书　　　追猎

祝你钓到大鱼　　　打靶场：第二场竞赛

森林大战　　　通告："神眼"称号竞赛

农庄生活

一年 12 个月的阳光组诗

4月，积雪融化了！ 4月大地还没有完全醒来，但风已经到处预告：天气马上就要暖和了。 你走着瞧吧，一连串的新气象就要发生了。

这是春天的第二个月份，泉水从山上流淌下来，鱼儿也跃出水面透透气。 春天已经把大地从积雪下面解脱出来，正在进行接下来的工作：把河水从冰面下解脱出来。 雪水汇成了小溪，逐渐流入了江河，河水上涨了，挣脱了冰的禁锢。

春水在山谷里到处泛流。 春水和春雨滋润了大地，大地披上了绿装。 森林还没有变绿，依旧静静地等待着春天的眷顾。但是，树干里的浆液已经暗暗地开始流动，枝头也绽出了新芽。 地上开满了春花。

鸟类大返乡

候鸟形成了潮流，成批地从越冬的地方启程返回故乡。 它们排成整齐的队伍，按照次序起飞。

今年，它们依然按照几千年、几万年、几十万年来一代代传下来的规矩，并依照从前的路线从空中返回。

头一批上路的，是去年最后离开我们这儿的那些鸟；而最后上路的，则是去年最早离开我们这儿的。

最后一批归来的是那些羽毛鲜艳华丽的鸟儿，它们要等到这里春天的草长得丰茂的时候才能回来。 如果飞回早了，落到

那些光秃秃的树枝上，就会很容易被猛兽和猛禽发现。

鸟类飞越海洋进行迁徙的时候，也正好经过我们列宁格勒上空。这条空中线路就叫波罗的海线。这条飞越海洋的航空线，起点是满目昏暗的北冰洋，终点是花草繁盛、阳光明媚的热带地区。

无数在海上和海滨过冬的鸟儿，都按着自己的队形在空中飞行，一队队、一行行数都数不清，但是，每一队都有自己的日程。它们沿着非洲海岸，穿过地中海，经过比利牛斯半岛和比斯开湾的沿海地区，穿越一条条海峡和北海、波罗的海。

一路上，它们遇到很多艰难险阻。浓雾像屏幕一般突然挡在这些长途跋涉者的面前。它们在幽暗的迷阵中迷了路，左冲右突，有的碰到尖利的峭壁上，被碰得粉身碎骨。

海上的台风暴雨还会折断它们的羽毛甚至翅膀，把它们吹到大海里去。寒流会一下把水冻成冰，有些鸟儿在饥饿寒冷中死在了半路上。

还有成千上万的鸟儿死在贪婪凶猛的雕、鹰和鹞的尖爪下。 这些猛禽往往在这时就等在空中航线上，从而很容易就能等到丰盛的美餐。

还有大量的鸟儿，死在猎人的枪口之下（本期《森林报》刊登的就是在列宁格勒附近打野鸭的事情）。

但是，什么艰难困苦也阻挡不住这大批大批的羽毛大军。它们穿过云雾，冲破一切障碍，勇敢地向故乡返回。

我们这儿的候鸟并不都是在非洲越冬，也并不都是沿着波罗的海空中航线返回。 还有些候鸟是从印度飞回来的。 扁嘴鳍鹬的越冬地则在更遥远的美洲。 它们穿过整个亚洲，匆匆地返回故乡。 它们从过冬的地方返回到阿尔汉格尔斯克附近的老窝，大概需要飞行 1500 公里，历时两个月。

戴着脚环的鸟

要是你打死了一只戴着金属脚环的鸟，那么麻烦你把这个脚环取下来，寄到鸟类装环中心去吧。 具体地址是：莫斯科列宁大街 86 号楼 301 室，邮编 119313。 并且附信一封，说明这只鸟被打死的时间和地点。

要是你捉住了一只活着的戴着脚环的鸟，那就请你记下环上压出的字母和号码，然后再把鸟放掉，并把你记录下的这一切写信寄给中心。

如果不是你本人，而是别人打死或捉到戴着脚环的鸟，而你跟这个人认识，那也请你告诉他们这样处理。

科研机构将一种很轻的金属（铝）环套在鸟的脚上。 环上的字母表明为鸟戴脚环的国家和相关机构，号码是为这只鸟戴环的时间、地点等信息，工作人员同时把这些号码记录留档。

科研人员就用这种方法来研究鸟类生活中的秘密。

比如说吧，人们在苏联北方的某个地方给一只鸟戴上脚环，后来，收到了从非洲南部，或者印度，或者其他什么地方寄来的脚环，就说明这只鸟飞到了这些地方。

我们这儿的候鸟并不都是在南方过冬的，有的飞到西方，有的飞到东方，有到甚至飞到北方去！ 但是，人们用这种给鸟戴脚环的方法，就可以探知候鸟生活的一部分秘密。

森 林 记 事

遍地泥泞

现在，城市郊区遍地泥泞。林中的道路和乡村的道路都走不了雪橇和马车。我们想要获取林中的一点消息，需要费很大的劲。

雪下浆果

蔓越橘从林中沼泽地带的雪下钻了出来。村里的孩子们常常跑去采摘蔓越橘，他们都说，经过一冬后，浆果比新结的甜多了。

昆虫过节

柳树的花开了。它的花朵是一些轻巧的黄色小球，它们密密地挤在一起，遮住了柳树那疙里疙瘩的刚刚从灰色里泛点绿色的枝条。树身都变得毛茸茸的，显出飘洒、喜气的神态。

柳树开花时，就成了昆虫的节日。在那穿着节日盛装的柳树丛中，昆虫们热闹极了，到处是喜庆欢快的景象。熊蜂嗡嗡地上下翻飞；昏了头的苍蝇无事生非地四处乱撞；勤劳精干的蜜蜂在翻捡着一根根纤细的雄蕊，采集花粉；轻盈的蝴蝶飞舞着。

看，这有一只长着雕花图案翅膀的黄色蝴蝶，是柠檬蝶；

而那一只长着大眼睛的棕色蝴蝶，叫做荨麻蛱蝶。

看，一只长吻蛱蝶落到柳树毛茸茸的黄色小球上了，它用那略显暗灰的翅膀严严实实地遮住黄色小球，此刻正用它的吸管深深地插到雄蕊间吸吮着花蜜。

在这喜庆欢快的树丛旁边，还有一簇柳树，它们的枝条上也开了花，但那花却完全是另一种样子，是一种挺难看的灰绿色的小毛球。小毛球上面也有一些飞虫，只是那里的场面全没有这里的柳树热闹。那些柳树正在结籽，原来，昆虫早已经把花粉从黄色小球上搬到灰绿色小毛球上来了。用不了多久，在每一个小瓶子一样的长长的雌蕊里，都会结出种子来。

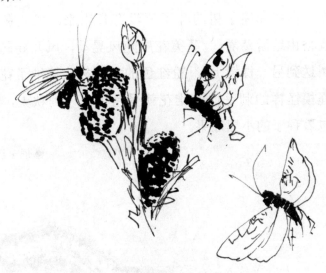

菜荑的花序

在大小河流的两岸和森林的边缘地带，正绽放着一片片的菜荑花序。它们不是从刚刚解冻的土地里钻出来的，而是开在被春天的太阳晒得暖洋洋的树枝上。

现在，正有许多长串的浅咖啡色小穗挂在白杨和榛子树上，为它们很好地点缀着。这些小穗就是菜荑花序。

它们去年就长出来了，但是经过一个冬天之后，它们变得更饱满、结实了。现在它们舒展开了，又松软而又有弹性。

如果这时你去摇一下树枝，就会飘出一阵烟尘一样的黄色花粉。

除了菜荑花序之外，在杨树和榛树上还有雌花。白杨的雌花是毛茸茸的褐色小球；榛子树的雌花是饱满的苞蕾，从苞蕾里伸出一些粉红色的细须，就像是藏在苞蕾中的昆虫的触须一样，这其实是雌花的柱头。每一朵雌花都有 3 个甚至 5 个柱头。

现在，白杨和榛子树的叶子还没有长出来，风儿在光溜溜的枝条间自由地游荡着。菜荑花序随风晃动，风儿卷起花粉，从一棵树送到另一棵树上。粉红色的须状柱头接纳了花粉，于是这些怪模怪样的刺毛似的雌花就受精了，一到秋天，雌花就会结出包着种子的小黑球果。

●尼·巴布罗娃

蝰蛇的日光浴

每天一大早，有毒的蝰（kuí）蛇都会爬到干枯的小树墩上去进行日光浴。它吃力地爬着，因为天气还很凉，它身体里的血依然没有暖和过来。

经过一番日光浴，蝰蛇的身体暖和过来了，也变得活跃起来，就立即行动去捉青蛙、老鼠了。

蚂蚁窝悄悄动起来

在一棵云杉树下，森林通讯员发现了一个很大的蚂蚁窝。刚开始还以为那是垃圾或者枯败的针叶呢，因为上面看不到一只蚂蚁。

现在，窝上面的雪化了，蚂蚁们爬到外面晒太阳。经过长期的冬眠之后，蚂蚁们还很虚弱，它们挤成黑糊糊的一团，躺在窝上。

森林通讯员用小木棍轻轻地拨弄它们，它们只微微地动了动，连喷射刺激性蚁酸来反击我们的力量都没有。

看来还需要几天，它们才能重新开始工作。

还有谁睡醒了

从冬眠中睡醒过来的，还有蝙蝠和各种甲虫，像扁扁的步行虫呀、圆圆的黑色屎壳郎呀、吧嗒作响的叩头虫呀等。叩头虫的表演最令人叹服：把它仰面朝天放着，它就把头向下吧嗒一磕，然后蹦起来在空中翻个跟头，从容地落下来站好。

蒲公英的花儿开了，白桦也穿上了绿装，眼看着就要冒出新叶子了。

等一场雨后，粉红色的蚯蚓就会钻出地面，新生的蘑菇比如羊肚菌、鹿花菌等也会破土而生。

池塘里的朋友

池塘里渐渐显露出生机。 青蛙离开它们用水藻建在淤泥中的床铺，产完卵后就从水里跳上岸来。

而蝾螈（róng yuán）却正好相反，现在它们正从岸上回到池塘的水里去。 蝾螈长着一条大尾巴，不像青蛙，而更像蜥蜴。 它们一到冬天就离开池塘到森林里，躲进潮湿的青苔里睡大觉。

癞蛤蟆也醒过来了，并且产下了卵。 但是它的卵不像青蛙的那样一团团小泡泡漂在水里，而是连成一长串，就像条带子附着在池塘底部的水草上。

森林保洁员

冬天，有一些对严寒的突然到来准备不足的动物，往往会被冻僵埋在雪下。 春天一到，它们的尸体就会显露出来。 但是它们不会在那待很久的，因为熊呀、狼呀、乌鸦呀、喜鹊呀、埋粪虫呀、蚂蚁呀这些森林保洁员，都会把这些处理掉的。

它们是在春天开花吗

现在可以看到很多植物的花都开了，比如三色堇（jǐn）、荠菜、遏蓝菜、蓼（liǎo）、欧洲野菊等。

但你可不要认为这些草跟雪莲花一样在春天开放，就像作文中描写的那样"先探出绿色的梗，然后再用尽全力向上伸腰"，探出地面就开出了小花。

三色堇、荠菜、遏蓝菜、蓼和欧洲野菊等，从来都是秋天开花，冬天也不凋谢。 当它们头上的白雪完全融化后，就会重见天日，已经开放的花和待放的蓓蕾就都醒过来展露出生机了。

去年晚秋的时候，我们看到草茎上还有一些蓓蕾，现在都已经成了一朵朵小花，正在草丛里望着我们呢。

那你说，它们是在春天开花吗？

◉尼·巴布罗娃

可怜的白寒鸦

在小雅尔契克村的学校旁边，住着一只白色的寒鸦，它与普通的一群寒鸦一起生活。 这样的白寒鸦，连全村最年长的人也没有见过。 我们这些学校的小学生们更感到神奇：怎么会有这样的一只白寒鸦呢？

◉本报学生通讯员　波良·西尼采娜　葛拉·马斯洛夫

鸟兽有时常常会生下全身为另一种颜色的后代，科学家们把这种现象称作"色素缺乏症"。

患了色素缺乏症，有的会全身发白，有的会身体某些部分发白。患黑色素缺乏症的鸟兽身体里面，缺少染色物质，也就是缺少能使它们的羽毛或兽毛染色的物质。

许多家庭里饲养的动物也容易患上色素缺乏症，比如白家兔、白公鸡、白老鼠，就都属于这种现象。

而野生动物中生来就患色素缺乏症的却极为罕见。

但是，它们一旦患上色素缺乏症，那日子可就不好过了，甚至生存下来都很难。这些动物或者出生不久就被亲生父母咬死，或者一生受到同类的欺负和攻击。即使能够像小雅尔契克村的白寒鸦能够侥幸地被同类接纳，但也肯定不会长命，因为它在同类中太显眼了，那些猛禽猛兽就首先不会放过它。

罕见的跳伞运动员

森林里有一只啄木鸟大声惊叫起来。 森林通讯员一听到这声音就知道，啄木鸟肯定遇到灾难了！

森林通讯员快步穿过丛林，就看到有一棵枯树，上面有个整整齐齐的洞，那就是啄木鸟的窝。 有一只罕见的小野兽，正沿着树干朝那个洞爬去。

森林通讯员说不出这是什么野兽！ 它的毛灰不溜秋的，短短的尾巴上没有多少毛。 耳朵很小很圆，就像小熊的耳朵一样。 眼睛却像鸟眼一样又大又凸。

小野兽爬到了树洞口，向洞里瞧了瞧，看来它想吃里面的鸟蛋。 啄木鸟拼命地向它扑了过去！

小野兽一下就躲到了树干后面。 啄木鸟追过去。 小野兽围着树干滴溜溜地转着圈，啄木鸟也紧追不舍地转着圈。

小野兽一圈一圈越爬越高，一直爬到了树干的顶端，再也没有地方爬了！ 啄木鸟看它已经走投无路，就狠狠地向它啄去！ 小野兽却纵身一跃，在空中飘了起来。

它张开了四只小爪，就像秋天的枫叶随风飘走一样。 它的身子轻微地左右晃动着，小尾巴就像掌握方向的舵一样。 它飞过空草地，落到一根树枝上。

这时我猛地想起来：原来它是一只会飞的小野兽——鼯鼠。 这种动物的肋上长着皮膜。 当它伸开四只脚，两张皮膜就打开了，就可以在空中飞翔。 它就是我们森林里的跳伞运动员！ 但可惜这种动物太稀少了！

●森林通讯员　尼·斯拉德科夫

飞鸟传书

泛滥成灾的春水

春天给林中的动物带来不少灾难。 积雪快速融化，河水快速上涨，淹没了河两岸。 有些地方洪水已经泛滥成灾。

我们不断接到来自四面八方的动物受灾的消息。 受灾最严重的是兔子、鼹鼠、田鼠，以及其他生活在地面和地下的小动物。 水猛地灌进了它们的家里，它们只得从家里逃出来。

每一只小动物都竭尽全力逃离灾难。 个子小小的鼯鼱（wú jīng）从洞中逃出来就赶快爬上了灌木丛，焦急地等待着大水退去。 它吃不到东西，一副可怜巴巴的模样。

鼹鼠在大水漫上岸的时候差一点被闷死在地洞里。 它从地洞里爬出来，蹿到地面上游了起来，它要去寻找一个干燥的地方。

鼹鼠是出色的游泳运动员。 它在水里游了几十米后，终于爬上了一块干燥的地方。 它看了看非常满意，庆幸自己油黑发亮的毛皮竟然没被猛禽发现。

它上岸之后，就又钻到了地洞里去。

兔子上树求生

兔子有这样一次遭遇：

这只兔子在一条大河当中的小孤岛上。它每天夜里出来啃吃小白杨的树皮，白天躲在灌木丛里，以免被猎人发现。

这只兔子年纪还小，头脑还不是太灵活。

有一天，河水把许多漂浮的冰块冲到小岛的周边来了，发出"噼噼啪啪"的响声，但是兔子还没有发觉。

这天，小兔子正躺在灌木丛下的家里舒舒服服地睡着。太阳暖洋洋地晒着它，它根本没有发觉河水在快速上涨。直到感觉身下的毛都湿了，这才醒了过来。

它跳起身来，发现四周已经汪洋一片。

发大水了，幸亏现在水还只到脚背，兔子窜到小岛的中央，那里还没被淹，还是干的。

但是，河水涨得很快，小岛越来越小了。小兔子东逃西奔，寻找可以落脚的地方。眼看整个小岛就要被淹没了，但它又不敢跳到冰

冷湍急的河水里去。　河水这么急，怎么能游得过去呢！

就这样，小兔子整整熬了一天一夜。

第二天早上，小岛只剩下一小块地方还露出水面。　那里有一棵大树，粗粗的树干上长满了节。　这只惊慌失措的兔子绕着大树转圈圈。

第三天，河水已经涨到树下了。　这时，兔子使劲向树上跳，但每一次它都跌下来掉进水里。

最后，兔子好不容易跳到最低的那根树枝上。　它就在上面坐下来，耐心地等着大水退去。　这时水已经不再上涨了。

它并不害怕自己会被饿死，因为虽然老树的皮又硬又苦，但勉强还可以充饥。　它最担心的是一阵阵的大风。　大风会吹得树摇摆不定，兔子好几次都差点从树枝上掉下来。　它就像一个扒在船桅上的水手一样，脚下的树枝就像横在船上剧烈摆动的帆梁，而下面就是冰冷的一望无际的大海。

在宽阔的河面上，不时漂来整棵的大树、粗长的树干、树枝、稻草和被淹死的动物的尸体。

后来，等来了一只在浪涛里晃晃荡荡从它身边漂过的死兔子，小兔顿时被吓呆了。　那只死兔的脚被一根枯树枝挂住了，它就肚皮朝天，四脚伸直地随着树枝一起漂走了。

小兔子在树上待了3天，水终于退下去了，它又回到了地上。

现在，它依然只能待在这个被河水包围的小岛上，一直要等到炎热的夏天到来时，河水变浅了，它就再赶到岸上去。

船上的松鼠

一个渔夫在被春水淹没的草地上布网捕捉鳊鱼。　他划着小船，慢慢地穿过那些露出水面的灌木丛。

忽然，他发现在一棵灌木上，好像有一只奇形怪状的黄色蘑菇。不料想那蘑菇突然跳起身来，一下跳到渔人的船上。

渔夫仔细一看，原来是一只湿淋淋的松鼠，毛乱蓬蓬的。

渔夫把松鼠送到岸边。松鼠马上跳下船来，蹦蹦跳跳地钻进森林里去了。

谁也不知道，它是怎么会出现在水中的灌木上的，也没有人知道它在那里已经等待了多久。

鸟类也受了灾

一般而言，鸟类对洪水当然并不太害怕。但是，现在它们也没有能够逃脱灾难。有一只淡黄色的鸫鸟在一条大渠边筑窝，并且在里面生了蛋。大水一来，就把窝冲坏了，连蛋也被冲走了。鸫鸟只好另外找地方做窝了。

沙锥在树上苦苦地等着大水退去。它是生活在林中沼泽里的一种动物，用它那长长的嘴巴，插到稀泥里寻找食物。它的脚天生习惯在地上行走，现在让它待在树上，就像狗站在篱笆上一样痛苦。

它苦苦地等啊等，等着盼着能够重新踏上那软软的泥沼地，再用它那长长的嘴巴在上面挖洞，它可离不开那儿啊。

其他地方都已经成为另外的沙锥的领地了，它们是不会容得下它的。

出乎意料的猎物

有一天，一位猎人通讯员悄悄地向一群野鸭走去。它们正在湖上的灌木丛后面休息。　猎人穿上高统胶鞋轻轻地在水里移动着脚步，湖水漫到岸上，已经没过了他的膝盖。

突然，他听到一阵喧器声从前面的灌木丛后传过来，并且伴随着扑腾水的声音。　接着他就看到了一条长长的灰色的脊背，光溜溜地在那浅水里晃动。　他也没多想就用打野鸭的霰弹朝那个地方一连开了两枪。　灌木丛后面泛起一阵波浪和泡沫，随后就没有声息了。　猎人走过去一看，只见一条梭鱼被他射杀了，大概有一米多长。

这个时期，正是梭鱼从河里、湖里游到春水淹没的暖和的岸上去产卵的时候。　小梭鱼从卵里孵出来之后，就随着退下的水游到河流或湖泊中去。

猎人毫不清楚这件事。　要不他是不会这样做的。　因为法律规定禁止用枪打春天游到岸边来产卵的鱼，梭鱼和其他鱼类都在此列。

残冰上的动物

曾经有一条小河，上面有一条横穿而过的冰道①，农庄的农民们驾驶着雪橇从上面过河。 但春天一到，河上的浮冰就开始开裂了。 这条冰道也就晃动着随着春水漂向下游去了。

其实这块残冰脏得很，上面满是马粪、雪橇印和马蹄印。甚至冰块中还留有马掌上的钉子。 刚开始，这块残冰漂在河床上，还不时地有白色的鹡鸰从岸边飞到上面去，啄冰上的小苍蝇吃。

后来，河水涨过了岸边，这块大冰被冲到草地上去了。 鱼儿在淹没了的草地上自由嬉戏，还不时从冰块下穿过。

有一天，一只黑色的小野兽从冰块旁的水底钻了出来，爬上了冰块。 这是一只鼹鼠。 大水把草地淹没了，它被闷在地底下，就只好爬出来游上水面逃生。 后来，这块漂浮的残冰恰好被一座干土丘挡住了，鼹鼠趁这个机会跳上土丘，麻利地挖了一个洞，钻了进去。

冰块继续向前漂移而去。 它漂啊，漂啊，一直漂进了森林，被一个树墩挡住停下了。 于是，冰块立即变成了大群陆生小动物鼹鼠和小兔子的收容所。

大家在遭受到同样的灾难之后，又要共同面对死亡的威胁。 它们又冷又饿，惊恐万状，浑身发抖，挤成一堆。

谢天谢地，水很快就退下去了。 阳光把这块剩余的残冰也消融了，树墩上只留下了一只马掌上的钉子。 小野兽们都跳上陆地，各奔东西了。

---

①雪橇在河里结的冰上走的路,就叫冰道。

在河流和湖泊里

小河里漂满了密密匝匝的木材，人们开始用河流来运输去年冬天砍伐的木材了。 放筏工人在小河流入大江和大湖的地方修了一道坝，挡住河口，再把拦住的木材编成筏子，继续向前漂行。

在列宁格勒的密林里，有好几百条小河，其中有许多都是流入姆斯塔河的。 姆斯塔河又流入伊里敏湖。 从伊里敏湖再流经宽阔的伏尔霍夫河，流入拉多加湖，经过拉多加湖后又流入涅瓦河。

冬天，伐木工人在列宁格勒的森林里砍伐木材，到了春天就把伐下的木材推到小河里去。 于是，这些自身不会行动的木材就顺着大大小小的河流和湖泊开始了旅行。 木材中寄生的那些木蠹（dù）蛾也就附在木材上同时来到了列宁格勒。

放筏工人们经常能遇到各种有趣的事情。 有一位工人就讲述了这样一件事：

有一只松鼠坐在林中小河边的一个树墩上，正啃着用两只前爪抱着的一颗松果。 突然，有一只大狗从森林里跑出来，汪汪叫着向松鼠扑过来。 松鼠想爬到树上逃命，但一看四周连一棵树也没有。 松鼠慌忙把松果一丢，翘起毛蓬蓬的尾巴朝小河边蹦蹦跳跳地窜去。 狗在后面紧紧追赶。

当时，河面上正漂着密密匝匝的木材。 松鼠一下跳上最近的那一根，然后又一根一根跳了过去。 狗不顾一切地也跟着跳上木材。 但是狗腿又长又直，怎么能在一根根木材上连续跳呢？ 圆圆的木材在水里滚动起来。 狗的后腿一滑，前腿再一滑，就掉到水里去了。 而这时，恰好又有一批木材从上游漂过来，那只狗一转眼就不见了。

而灵巧的松鼠却从一根根木材上跳过，一直蹿到了对岸。

还有一个放筏工人说，有一次他发现了一只棕色的怪兽，肥胖的身体有两只猫那么大。

它扒住一根单独漂浮的大木材，嘴里还叼着一条大鳊鱼。它身子舒展着趴在木材上，轻松地享受完一顿美食，又挠了挠痒，长长地打了个呵欠才溜进水里去。 原来是一只水獭。

鱼在冬天做些啥

几乎所有的鱼，在天寒地冻的冬天都在睡大觉。

鲫鱼和冬穴鱼在秋天就早早地钻进河底的淤泥里去了。 鮈（jū）鱼和欧鲌（bó）则在坑洼的沙底里过冬。 鲤鱼和鳊（biān）鱼躺到长满芦苇的河湾或湖湾的深坑里过冬。 秋天一到，鲟鱼就成群地聚集到大河的底部沟槽里，冬天的严寒势力到达不了这里。

也有一些几乎不用冬眠的鱼类。 它们在冬天都做些啥呢？你看过本期《森林报》就会知道了。

上面说到的那些冬眠的鱼，现在也都已经醒过来了，忙着到各自的地方去产卵了。

◉本报通讯员寄

祝你钓到大鱼

古时有一个很可笑的习俗，每当人们遇到外出打猎的人时，都会对他说："祝你连一根羽毛也捞不着！"[1]但是，对出去钓鱼的人却会祝福说："祝你钓到大鱼！"

相信我们的读者里有很多爱好钓鱼的人。我们不但要祝福他们如愿钓到大鱼，而且还要向他们提出忠告，告诉他们：什么鱼在什么时候到什么地方可以容易钓到。

河面刚一解冻，就能马上用蚯蚓钓鲶（nián）鱼，只要把饵料投到河底即可。池塘和湖里的冰融化后，就可以去钓红鳍（qí）鱼，这种鱼喜欢藏在岸边的陈年草丛里，必须用水蛾作饵料。再过一段时间，则可以开始钓小

----

①俄国人古时候怕说了吉祥话会招鬼嫉妒而倒霉，所以故意对前去打猎的人说不吉利的话。

鲤鱼了。 河水变清后，又可以开始用绞杆鱼叉和渔网这些工具捕捞大鱼了。

苏联著名的捕鱼专家库尼洛夫说过："钓鱼的人应该研究鱼类在各个季节和各种天气的生活习性，这样才能在不同的河边和湖岸上选择最适合的地方钓到鱼。"

春水退去后，被水淹没的河岸又重新露出来，河水也变得清澈了。 这时，是钓梭鱼、鲤鱼和鳜鱼的最佳时候。 可以在这些地方钓：小河入口处，浅滩和石滩附近，陡岸和河湾处，在岸边有浸在水里的乔木和灌木的地方，在水波不兴时，可以把鱼钩抛到窄河的中间。 也可以在桥墩下、小船或木排上，水磨坊的堤坝上。 在这些地方，不管是深水区还是浅水区，都可以钓到鱼。

库尼洛夫还告诉我们："适用于钓各种鱼的、带浮标的钓鱼竿，从初春一直到深秋，无论在什么水域中都可以用。"

从 5 月中旬开始，可以用红线虫从湖泊和池塘里钓冬穴鱼；再过几天，又可以钓斜齿鳊、鳜鱼和鲫鱼。 钓这些鱼最适

当的地方是：岸边的草丛里、灌木丛旁和 1.5 米到 3 米深的河湾。 如果鱼儿不再上钩，就不要总待在一个地方，可以转移到另一个地方。 坐在小船上更方便换地方。

当水流平静的小河里的水变清的时候，就可以从岸上钓鱼了。 最适合的地方是陡峭的岸边、水中有许多残树枝的水洼和岸边长有杂草和芦苇的河湾边。

有时，人们不容易走过这种岸边一片泥泞或到处浸水的地方，就试着踩着草墩或穿上高统胶鞋走到岸边去，把带着鱼饵的钩甩到牛蒡后或芦苇丛里，就可以钓到很多鳜鱼和斜齿鳊。

在河岸上，要仔细寻找好地方，然后拨开草丛，把鱼竿从树枝间伸出去，把鱼钩甩到没有人钓过的地方。

钓大鲤鱼要用豌豆、蚯蚓和蚂蚱来做饵料，可以用一般的带浮标的鱼竿从岸上钓。 有时也可以用不带浮标的钓鱼竿，而且可以从 5 月中旬一直用到 9 月中旬。

用不带浮标的鱼竿钓淡水鳜的地方是大水坑，河流转弯处，水流湍急的地方，林中河面宽阔的地方，水面平静，堆着被风刮倒的树木的地方，岸边有灌木丛和深水潭的地方，堤坝和石滩的下面。 还有几种鳜鱼，要在石滩和有暗礁的水里钓。在离岸不远的浅急流中，或者有石头的河底中，都可以钓到小鲤鱼等小型鱼类。

森林大战

森林中不同种类的林木之间，一直持续着战争。 于是我们派了几位特约通讯员到前线去采访。

通讯员首先到了百年老云杉生活的王国。 每个白胡子的老云杉，都有两根电线杆接在一起那么高。

王国里的气氛有些阴森森的，云杉老战士们直直地站在那儿，满面肃穆。 它们的树干，从根部到树梢都是光光的，只有少数几个小枝条偶尔滋生出来，也早就已经枯死了。

在它们的顶端，那些毛蓬蓬的针叶树枝相互缠绕在一起，就像一个大大的屋顶一样盖在云杉王国的上空。 阳光照不进来，林子里又暗又闷，充斥着一种潮湿、腐朽的气味。

偶然在这里落脚的各种绿色小植物，也全都没有长大就死掉了，只有灰色的苔藓和地衣才最满意这个阴暗沉闷的国度。 它们喝着这里主人的血液——树的汁液，密集地汇聚在战死的巨树的躯体上。

在这里，通讯员没有遇到一只野兽，也没听到一声鸟的鸣叫，只看到一只来这里躲避阳光的孤僻的猫头鹰。 这只猫头鹰被通讯员惊醒了，它愤怒地竖起浑身的毛，抖动着胡须，角质的钩嘴发出怕人的吼声。

在没有风的日子里，这个云杉家族盘踞的国度里万籁俱寂。 风从上面刮过去的时候，那些坚定的、挺立的巨树，只是摇摇布满针叶的树梢，气势汹汹地发出嘘嘘的声音。 在老林里，云杉是个大家族，它的成员最多，个体又最高大，最强壮。

通讯员走出云杉的王国后，又走进了白桦种族和白杨种族的王国。 在这里，白皮肤、绿鬈发的白桦树和银皮肤、绿鬈发的白杨树，鼓起哗哗的掌声，欢迎他们。 许多鸟儿在枝头歌唱。 阳光穿过树梢的叶子倾泻下来，形成一种五彩斑斓的景象：斑驳的阳光在闪烁，像金色的小蛇在跳跃，它跳在光滑的树干上，又构成了圈圈点点、五彩缤纷的图案。 地上密集着矮小的草种族，显然，它们在主人的绿帐篷下感到无拘无束，跟在自己家里一样。 野鼠、刺猬和兔子，在我们通讯员的脚下窜来窜去。 风在上空刮过时，这块国土上便响起一片欢快的喧哗声。 即使在没风的时候，这里也热闹得很，白杨沙沙簌簌地抖动着叶子，日日夜夜不肯停息。

这个王国的境界是一条河，河那边是一片荒漠，很大的一块砍伐地。 冬天，伐木工人们在这里采伐过木材。 过了荒漠又是一大片高高的云杉林，它们像一个绿色的屏障矗立在那里。

森林里的雪一融化，这片荒漠立刻就会变样儿，变成一个战场。

　　森林的各个绿色家族的居住地非常拥挤，附近只要出现一块新地方，每个家族都急于要把它抢到手。

　　所以通讯员在过了界河后，就在这片荒漠上搭了帐篷，住了下来，他们要亲自观看这场争夺地盘的战争。

　　在一个阳光灿烂的温暖早晨，从远方传来一阵噼啪声，好像枪的对射声似的。通讯员匆忙赶到那里去。原来是云杉发起进攻了：它们派出了自己的空军去占领这块空地。

　　太阳晒热了云杉的大球果，球果就发出了噼里啪啦的声音。球果一个个裂开了。这种噼啪声不绝于耳，那声音就像玩具手枪的射击声。

　　球果紧包着的鳞片一下子张开来了。躲在球果这个军事掩蔽所里的一架架小滑翔机——种子，也就飞了出来。风裹挟着它们，忽而把它们托得高高的，忽而又把它们压得低低的，它们翻滚着在空中前进。每棵云杉上有成百上千个球果。 每个球果里藏着一百来架小滑翔机——种子。 无数的种子在空中飞着，降落在砍伐过的空地上。

然而也有这种情况。 由于云杉的种子比较重，上面也只有一个扇形的双翅，小风不能把它送到远处，往往种子还没到达空地就落了下来。 但是，几天后，刮了一场大风，云杉的小滑翔机才总算把空出的地方全部占领了。

还有，早晨的春寒也会对这些娇小的种子构成致命的威胁，娇嫩的种子差一点冻死。 好在后来下了场温暖的春雨，大地变松软了，才收留了这批小小的移民。

云杉种族占领砍伐地的时候，界河那边的白杨正在开花。它们那毛茸茸的葇荑花序里的种子，还刚开始成熟。

又过了一个月，夏天临近了。

在云杉种族阴森森的王国里，开始有了欢快的节日气氛。在它们的树枝上点起了红蜡烛——新球果。 云杉穿上了节日的盛装，长满绿油油的针叶的树枝上缀满了金黄色的葇荑花序。云杉开花了，它们在悄悄地储备明年使用的种子。

现在，它们那些埋在砍伐地里的种子，在温暖春雨的滋润下膨胀起来，即将破土而出变成一棵棵小苗。

但是，白桦树却还没有开花呢！

森林通讯员认为，新大陆一定会被云杉完全占领，其他的林木家族未能抢得先机。 他们肯定地认为，战争打不起来了。

编辑部希望在付印下一期《森林报》的时候，能收到通讯员们寄来的详细的新报道。

农庄生活

雪刚刚融化，农庄的庄员们就驾驶着拖拉机，到田地里去了。 拖拉机在耕地、耙地，还有挂着钢爪的拖拉机在铲除树墩，开垦荒地。

马上飞来一些黑里透蓝的白嘴鸦，大模大样、摇摇摆摆地一步一步跟在拖拉机后面走。 在稍远处，灰蒙蒙的乌鸦和白腰身的喜鹊，在地垄间跳跳蹦蹦，犁和耙从土里翻出来的蛆虫、甲虫和幼虫，都是鸟儿的好点心。

现在，拖拉机又在耕过耙平的田地里播种子。 播种机把选好的种子均匀地撒进田垄里。 在我们这里，最先种的是亚麻，然后种娇气的小麦，再种燕麦和大麦，这些都是春播作物。

而那些秋播作物黑麦和冬小麦已经离地好几厘米高了，这两种麦子是去年秋天种下后长出来的，在雪下过了冬，现在都一齐生长起来了。

清晨和黄昏时分，时而会从绿茵处传来"吱吱唧唧"的声响，好像有一辆看不见的大车在吱吱地响，又好像有一只巨大的蟋蟀在地里叫。

不是的，这不是马车，也不是蟋蟀，而是号称美丽的田鸡的灰山鹑在叫。 它浑身灰色，外带白色的花斑，两颊和颈部橘黄色，黄脚，红眉毛。 它的妻子雌山鹑在绿丛中的某个角落里，已经做了窝。

草地上嫩草青青。 牧人们早早地就把一群牛羊赶到了草地上。 这些牲畜"哞哞咩咩"的叫声把在清晨还做着美梦的孩子们吵醒了。 人们有时可以看到一些奇怪的骑士，骑在牛背和马背上，那是寒鸦和白嘴鸦。 一头牛在走着，而长翅膀的小骑士在"笃笃"地啄着牛背。 本来牛是可以甩甩尾巴，像撵苍蝇似的把它们赶跑的。 可是牛忍耐着，并不驱赶它。

为什么呢？ 原因很简单：小骑士的体重很轻，而且它对这牛和马还有好处。 原来，寒鸦和白嘴鸦是在啄食牛和马毛里的蝇蚋的幼虫，还有苍蝇在牛马身上擦破、碰伤的皮肤上产的卵。

肥胖的一身绒毛的熊蜂早已醒来，它们嗡嗡地飞舞着，亮晶晶、细腰身的黄蜂飞舞着。 蜜蜂也该出来了。 农庄庄员们把蜂房从过冬的地窖里搬到养蜂场上。 金色翅膀的蜜蜂爬出蜂房，晒了晒太阳，身体暖和后就伸了伸腰飞走了，去采集甜甜的花蜜了。 这是今年第一次采蜜哩！

农庄植树活动

春天，我们州的植树面积达数千公顷。 许多地方开辟了面积达 10 公顷到 50 公顷不等的新苗木场。

农庄新闻

新城

昨天一个晚上的工夫，在果园附近建起了一座新城。 城里的房子样式整齐划一。 据说，这些房子不是就地盖起来的，而是用担架抬过来的。 天气暖洋洋的，因此这个城市里的居民很高兴，都出来游玩了。 它们在自己住宅的上空盘旋着，努力记住自己家所在的街道和位置。

马铃薯的喜日

如果马铃薯会唱歌的话，你们今天就能听见一支顶快乐的曲子。 因为今天是马铃薯大喜的日子：它被送到田里去了。 人们小心翼翼地把它们装在木箱里，放在汽车上运走了。

为什么要小心翼翼地装，而且要装进箱子，而不是麻袋呢？ 因为每一个马铃薯都出芽了。 多么好的芽啊，短短的、胖胖的、毛茸茸的、壮壮实实的。 芽的下面许多白色小凸包要生出根来了。 而它们的上端尖尖的，已经绽出小小的叶子了。

奇怪的坑

校园里，早在去年秋天就挖了一些坑，也不知道是干什么用的。 常常有青蛙掉在坑里，所以，有人以为这是专门捉青蛙用的陷阱呢。

可现在连青蛙也明白了，这些坑是准备栽果树用的。

孩子们往坑里栽苹果树、梨树、樱桃树或李子树，一个坑里栽一棵。

他们还在坑里立了根木桩，细心地把小树绑在木桩上。

修整牛"指甲"

农庄的美容师，在给牛修"指甲"。 他把牛的四只蹄子清洗干净，又把上面的趾甲修整好。

不久，这些蹄子就要走到牧场上去，所以得把它们修整得好好的。

鸟儿也开始做农活了

拖拉机日夜不停地在田里轰隆轰隆地开着。 拖拉机手在夜间工作时也没有个做伴的，可一到早晨，一群白嘴鸦就恋恋不舍地跟在每辆拖拉机的后面。 它们忙得团团转，来不及吃完被拖拉机翻出来的蚯蚓。

在河流和湖泊附近，跟在拖拉机后面的就不是黑压压的一片白嘴鸦，而是一群群白色的鸥鸟了，这种水鸟也特爱吃蚯蚓和在地下过冬的甲虫幼虫。

让人称奇的芽

在一些黑醋栗树上，长有一种令人称奇的芽。 芽很大，而且是浑圆的。 有些芽张开了，很像极小的甘蓝叶球。 我们把它们放到放大镜下观察，不禁惊叫起来！ 那里住着一大堆讨嫌的小生物，长长的，弯弯的，还直蹬腿儿、弹胡子呢！

怪不得树芽胀得那么大，原来里面藏着这么多过冬的扁虱。 扁虱是黑醋栗的最可怕的敌人。 它们把黑醋栗的芽给毁了，还把传染病带到黑醋栗上去，使黑醋栗挂不上果。

如果在一棵黑醋栗上膨胀的芽不多，就得趁扁虱还没爬出之前及早把全部树芽摘下来烧掉。 如果这样的芽很多，就只好整棵烧掉了。

飞来的小鱼

五一集体农庄里飞来了一批小鱼，它们是刚满周岁的小鲤鱼。 它们是装在矮木箱里，乘飞机飞来的。 现在它们一个个健健康康的，已到我们的池塘里游玩去了。

◉尼·巴布罗娃

都市新闻

周日植树

积雪化尽，大地回暖。 在城市和省区里，植树周开始了。春天植树的这些日子，成了佳节——植树节。

在学校的园地上，果园、公园里和住宅、道路旁，到处可以看到孩子们忙碌的身影，他们在挖掘树坑。

涅瓦区少年自然科学家试验站，准备了几万枝果树插木呢！

布谷鸟的歌唱

5 月 5 日早晨，在郊外的公园里响起了第一声："布——谷！"

过了一个星期，那是一个暖和而宁静的傍晚，突然从灌木丛后又传来什么鸟儿清脆的叫声，简直动听极了！ 起初是轻轻地叫，随后越叫越响，后来索性大声尖啸、啭啼起来了。 那歌声一阵紧似一阵，活像粒粒珍珠落玉盘。

这时候，大家都听明白了，这名歌手就是夜莺。

公园和果园里舞动的蝴蝶

一层像我们冬天呼出来的气似的、柔和而透明的绿雾，把树木笼罩起来了。 树木长出第一批有些黏性的叶子后，这层雾就会消散。

一只美丽的大蝴蝶飞出来，那是长吻蛱蝶。 它浑身褐色，带浅蓝色斑点，像天鹅绒似的，翅膀的末梢是白的。

还有一只有趣的蝴蝶也飞出来了。它很像荨麻蛱蝶，不过个子小些，全身淡棕色，不那么鲜艳。它翅膀上的锯齿缺得很深，好像是扯破了似的。

捉一只来仔细瞧瞧会发现，它的翅膀下部有个字母"C"形的白色图案，简直叫人以为是谁故意给这只蝴蝶打上了记号呢。

它的学名是 C 字白蝶（中国名字叫做葤蝶）。

不久之后，还有两种白色的蝴蝶——小粉蝶和大白蝶，也要出来了。

奇怪的七鳃鳗

从列宁格勒到萨哈林岛的苏联各地的大小河流中，都可以看到一种奇怪的鱼。 这种鱼的身子又窄又长，你乍一看时，还会把它当做一条蛇呢！ 这个游泳能手的鳍没有长在身子两边，而长在背上和靠近尾巴的地方。 它游水的时候，身子一弯一扭的，活像一条蛇。 它的皮肤很软，上面没有鳞片，它的嘴和普通的鱼也不一样，是一个漏斗形的圆洞，是个吸盘。 你看到吸盘就会想，它根本不算鱼，而是个巨大的水蛭。 这就是七鳃鳗。

乡下人叫它七鳃鳗，因为它有7个一组的呼吸孔①，它们分别长在身体两侧和眼睛后面。 七鳃鳗的幼鱼很像泥鳅。 孩子们常常捉它们来挂在钓钩上做鱼饵，用来钓食肉的大鱼。 七鳃鳗常常用吸盘吸住大鱼，让大鱼带着它在河里游逛，大鱼是甩不掉这个累赘的。

渔人们还说，有时候七鳃鳗还吸附在水底下的石头上。 它吸住石头后，就全身扭动起来，不断地扭着、挣着，把石头都搬动了，这家伙的力气真够大的。 七鳃鳗把石头搬开后，就在石头底下的坑里面产卵。 这种奇怪的鱼还有个名字，叫做石

---

①又叫八目鳗，因为以前的人把它的鳃孔都当做眼睛。其实这种鳗鱼两边各有7个鳃孔和一只眼睛。

吸鳗。

别看它的模样丑陋，把它用油煎煎，蘸上醋，还挺好吃呢！

燕子飞来时

每到夜间，蝙蝠就开始袭击城市的郊区，它们丝毫也不理会路上的行人，只顾在空中追捕蚊虫和苍蝇。

燕子飞来了。在列宁格勒省有 3 种燕子：一种是家燕，它们长有开叉的长尾巴，脖子上喉咙处有鲜红的斑点；一种是短尾巴、白脖子的金腰燕；还有一种灰沙燕，个儿小小的，灰褐色，白胸脯。

家燕的窝筑在城郊木房子上，金腰燕的巢多做在石头房子上，灰沙燕呢，和它们的幼雏住在悬崖的岩洞里。

燕子飞来过了许多日子以后，雨燕才飞来。这种燕子的形状与普通的燕子大不一样，很容易区分。它们往往刺耳地尖叫着，在房顶上飞来飞去。这种燕子浑身乌黑，翅膀不像别的燕子那样是尖角形，而是半圆形的，像把镰刀。

叮人的蚊虫也出来了。

太阳雪

5 月 20 日的早晨，太阳明晃晃，东方天空蓝莹莹，可突然下起雪来。 亮晶晶的雪花，轻飘飘地在空中徐徐飞舞。

冬天啊，你吓唬不了谁的，现在你的雪花的寿命长不了啦！ 这种雪就好像夏天的太阳雨一样，只会让蘑菇长得更快些。 这不？ 雪一落到地上就融化了。

到城外森林去看看也许会发现，在那融化了雪的地面上有一大堆满是褶子的小褐伞，那就是早春第一批美味蘑菇——羊肚蘑。

●本报通讯员　维利卡

长翅膀的旅客乘飞机

听到飞机的舱里有一阵阵嗡嗡声，才知道这个航班的旅客是长翅膀的小蜜蜂。 一批高加索蜜蜂分乘在 200 间舒服的客舱——三合板做的木箱里。 几架飞机把 800 个蜜蜂家庭从库班运到北方来了。

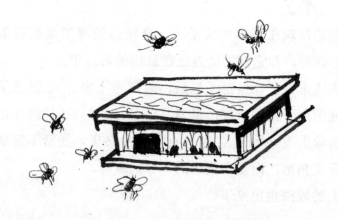

这些小旅客一路有吃有喝，飞机上给它们供应了"蜜粮"。

◉尼·伊万琴科

城里的海鸥

涅瓦河刚刚解冻，河面上就有了海鸥。 它们一点也不怕轮船和城市的喧闹声，在人们的面前镇静从容地从水里捉小鱼吃。

海鸥飞得累了，就大模大样地落到铁皮屋顶上休息。

追猎

在马尔基佐夫湖打野鸭的情景

在市场上

马尔基佐夫湖原是芬兰湾的一部分，它处于涅瓦河河口和科特林岛之间，该岛是列宁格勒人喜欢去的猎场。

春天，在马尔基佐夫湖上，有很多野鸭。你到斯摩棱河上去看看就会看到，在斯摩棱墓场附近，有一些形状古怪的小船，有白色的，也有和河水一样颜色的。船底完全是平的，船头船尾往上翘起，船身虽不大，可是格外地宽。这是打猎用的划子。

也许你运气好，在黄昏时分还能碰到一个猎人。 这个猎人把划子推到小河里，把枪和其他东西放在船上，然后用一支舵桨，顺着流水划去。 划了 10 来分钟，猎人就到马尔基佐夫湖了。

涅瓦河早就解冻了，但海湾里仍有大块的浮冰。 猎人的独木舟排开浊浪，奔向这片水洼。

独木舟终于驶进浮冰群。 猎人泊好了船，来到浮冰上。他把套在皮毛外衣上白色的长衫挽了起来，然后把一只雌的野鸭囮(é)子①从舟上取出，用绳系住放到水面，并把绳子拴在浮冰上。 母家鸭立即叫了起来。

猎人驾着独木舟离开了。

野鸭奸细和白衣隐身人

猎人没等多久，远处一只野鸭从水上飞起。 这是一只雄野鸭，它听见了母鸭的叫声，就赶来了。 但它还没飞到母鸭身边，枪便响了，"砰"的一声，雄野鸭就掉在水里了。

母鸭知道自己的任务，一个劲儿叫啊叫的，甘心作奸细。它的叫声招来了许多雄野鸭。 它们从四面八方向它飞来了。

它们只盯着母鸭，没有发现白花花的浮冰边停着一只白色的独木舟，船上有一个身穿白乎乎长衫的猎人。

猎人放了一枪又一枪。 各种各样的雄野鸭都落到他的划子里来了。 一群又一群的野鸭沿着海上的空中航线继续着它们的长途旅行。

---

①猎人用活野鸭去引诱别的野鸭,这种活野鸭就叫做"囮子"。

太阳落进了大海，城市的轮廓看不见了，只见那边亮起了星星点点的灯火。 天黑了，不能再放枪了。 猎人把母家鸭放在划子里，把锚抛到浮冰上，把小舟紧靠冰块拴得牢牢的，免得被浪打开去。 得打算一下过夜的事情了。

起风了，天空中浓云密布。 夜色沉黑，伸手不见五指。

水上住房

猎人把一个弓形木支架，安装在独木舟的两舷上，把篷布解开，张在架子上。 他燃起气炉子，舀了一壶水放到炉火上烧开。 这水是马尔基佐夫湖里的水，是涅瓦河注入的淡水。

雨像鼓点般地敲打着篷布。 猎人才不怕下雨呢，反正帐篷又不透水。 帐篷里又干燥又明亮，气炉子像火炉似地散发着热气。

猎人独自喝着热茶，吃着点心，又喂了他的好伙计——母鸭。 之后就抽起了烟。

春天的黑夜很快就过去了。 天边又露出一道明亮的白光。它逐渐伸长，变宽。 浓云散去了，风也停了，雨也止了。

猎人从帐篷里探头向外望。 远处的洼岸仍罩着黑幕，但已隐约可见。 城市那边还是一片漆黑，连城里的灯火也看不到，原来一夜工夫，风把冰块远远地吹到大海里去了。

真是倒霉，得划很长时间才能回到城里去。 不过还好，幸亏这个冰块没有和别的冰块相撞，否则划子会被两个冰块挤成碎片，猎人自己也会被压成肉饼子。

勾引天鹅

母鸭在水面上拼命叫喊起来。 这时有一只雪白的大天鹅正与它齐齐地随着波浪起伏。 可是天鹅不叫，因为它是假的。

野鸭一只又一只地飞过来。 猎人继续开枪。

突然，有一种声音从空中传过来，就像远方有人在吹喇叭。

"咕——呜！ 咕——呜！"

刷！ 刷！ 刷！ 翅膀拍打的声音，一大群野鸭落到水面上，正在母鸭附近。 但是，猎人好像没有看到一样。

他动作飞快地往猎枪里装好子弹，然后拢起两只手，放到嘴边上吹出吸引野禽的声音："咕——呜！ 咕——呜！"

高空的云朵下面，出现了 3 个黑点，它们在慢慢变大。 那种类似喇叭的声音也越来越清晰了，已经有些刺耳。

猎人不再出声，因为天鹅已经离得很近了，人学得不像，它们就会发觉的。

3 只天鹅缓缓地挥动着沉重的翅膀，在冰块附近慢慢降落。

在阳光照射下，它们的翅膀发出亮亮的银光。

天鹅飞得很低了，绕着很大的圈子。

它们从空中看到了冰块旁边的那只假天鹅，以为刚才发出勾引声的就是它，还考虑到这只水上的天鹅可能是飞得没有了力气，或者掉了队受了伤。

3只天鹅向它飞来。它们绕了一圈又一圈。

猎人纹丝不动地坐在那儿，两只眼睛死死地盯着那3只天鹅。天鹅伸着长脖子，离他忽远忽近。

残忍的猎杀

天鹅在做最低的一个盘旋，离划子已经很近了。

"砰！"第一只天鹅的长脖子就像一根鞭子一样低垂了下来。

"砰！"第二只天鹅在空中打了下滚，重重地摔在冰块上。

第三只天鹅突然奋力向上一冲，转眼间就在远方消失了。

猎人今天的运气真不错。

现在可以回家了。

可是，现在要把小划子驶回城里也不是一件容易的事。

浓雾笼罩了整个马尔基佐夫湖，10步开外对面不见人。

汽笛声隐约从城里传来，缥缈的，忽而在左，忽而在右，让人无法决定该向哪边划才好。

划子和薄冰碰撞发出玻璃破碎的叮当声。

细碎的冰碴在船头下发出雪糕一样沙沙的声音。

但是，如何才能划得快一些呢？如果撞在结实的巨大冰块上就麻烦了。而且，划子还会突然翻转栽进水里去。

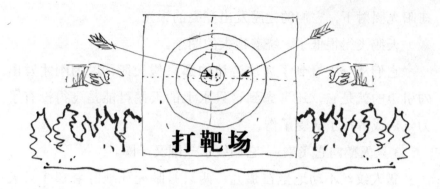

打靶场

第二场竞赛

1. 身穿黑衣,蛮不讲理;换上红衣,服帖无比。(谜语)

2. 最先出现的食用菌是什么菌?

3. 为什么白嘴乌鸦在田里跟在耕地的农民后面走?

4. 喜鹊窝和乌鸦窝有什么不同?

5. 哪一种蜘蛛叫做"流浪汉"?

6. 最先飞到我们这里的燕子是雨燕,还是家燕?

7. 如果人造椋鸟房不够用,椋鸟在什么地方做窝?

8. 为什么椋鸟和寒鸦会停在牛、马、羊的背上?

9. 为什么家鸭和家鹅,春天忽然会忧愁地唤,显出非常不安的样子?

10. 春汛期间哪些鸟会遭受困苦?

11. 春水泛滥时,禁止开枪打什么鱼?

12. 飞鸟和爬行动物,哪个比较怕冷?

13. 青蛙的舌头,是哪一头生牢在嘴里的?

14. 图中所示的是两种鸟的翅膀,请问哪种是生活在森林里的鸟的,哪一种是生活在旷野里的鸟的?

15. 前头看看,像把锥子;后头看看,像把叉子;横里看看,像个纺线锤子;背上披块蓝呢子,胸前挂块白帕子,说起话来像鬼子。(谜语)

16. 没有门栓的门一打开,没尾巴的小狗跑出来。(谜语)

17. 像头黑牛不是牛,六条腿儿没蹄子。飞的时候连声吼,落地是个挖土的好手。(谜语)

18. 它不是一个人,可到了五月就出门。不是水中鱼虾,不是地上走兽,不是天上飞禽。飞到空中哼哼叫,落了下来没了音。只要把它拍一下,浑身淌血命归阴。(谜语)

19. 一个往下倒,一个往里咽,还有一个钻到外面。(谜语)

20. 不走地上道,不会往上瞧,不会搭窝巢,却会生宝宝。(谜语)

21. 自己一口饭不吃,却管全世界的人饭吃。(谜语)

22. 小铃铛张口,大铃铛就有。(谜语)

23. 没有翅膀,会飞;没有脚,会跑;没有帆,会漂。(谜语)

24. 身上七大件,四件永向前,二件来作战,最后一件好似鞭。(谜语)

通 告

森林报编辑部

"神眼"称号竞赛

> 如果想得到"神眼"的荣誉称号,那就要细心研究我们登在广告栏里的图画,还必须具备一项本领,即根据这里画着的鸟兽的侧面轮廓、脚印以及它们的特征,辨别出是什么动物。这些动物有森林里的,也有田野里的、水里的和天空中的。

第一次测验题

飞的什么鸟?

那么多大鸟在空中飞过,如何辨认出它们是什么鸟呢?

这只大鸟脖子伸得长长的,翅膀朝后拢,尾巴很短,看不见脚。 这是什么鸟? (图1)

第二只跟第一只相似,只是个头小些,脖子也短一些,颜色灰灰的。 这是什么鸟? (图2)

图1

图2

这只鸟的翅膀长在中间，前面一根脖子和后面两只脚都像棍子一样。 这是什么鸟？（图3）

翅膀耷拉着，腿像直棍似的向后伸。 头和脖子好像从背上引出的一个问号。 它是什么鸟？（图4）

图3

图4

请大家报名

救护鸟兽协会，是救护被水淹的兔子、狐狸、松鼠、鼹鼠和其他陆栖的大小野兽的团体。

只要是救护了被水淹的动物的人，一律发给"马查依老公公"奖章。

"马查依老公公"[①]奖章由少年自然科学家自己做，在厚纸圆圈上包上金色或银色的纸。 由少年自然科学家小组决议，把金奖章发给救大兽(麋鹿、鹿等等比狐狸大的野兽)的人。

把银奖章发给救小兽(兔子、松鼠、鼹鼠、刺猬等等)的人。

---

①俄国著名诗人涅克拉索夫曾写过一首诗，歌颂古代有个名叫马查依的老头儿，他每逢发大水的时候，总是划船出去救落水的动物。

为鸟儿预备住宅吧

读者小朋友,鼎鼎大名的扑灭害虫的健将,会唱歌的鸟儿现正寻找孵小鸟用的住房。我们恳求小读者帮帮它们,给它们预备住宅。

房基地可以选在有枯树枝的地面上,很容易把它挖深,使它变成一个洞。在腐朽的老树干上挖个洞也可以当做飞鸟的窝,小猫头鹰和黑啄木鸟等,很乐意借住这种树洞。

给那些在矮树丛里做巢的小鸟造房,可参考示意图,把灌木的树枝扎成一束。

给喜欢住浅树洞的灰鹟和红胸脯的鸥鸲(qú)做窝,可参照如图。

这些叶子是什么树的?

森 林 报

No. 3

5 月 21 日——6 月 20 日

舞蹈唱歌月
（春季第三月）

太阳进入双子宫

栏　目

一年 12 个月的阳光组诗　　　　　都市新闻

森林记事　　　　　　　　　　　追猎

森林大战（续前）　　　　　打靶场：第三场竞赛

农庄生活　　　　　　　通告：音乐表演开始

农庄新闻　　　　　　　　"神眼"称号竞赛

一年12个月的阳光组诗

5月到了，欢唱吧，欢跳吧！ 在这个月份里，春天开始认真地做它的第三件事：给森林穿绿装。

现在，森林里快乐的月份——歌唱舞蹈月开始了！

太阳取得了全面的胜利，它的光明战胜了黑暗，它的温暖驱走了严寒。 晚霞和朝霞握手，北方的白夜开始了。 生命得到土地的哺育和水分的滋润，勃发了。 高大的树木披上了亮闪闪的绿衣裳，那衣裳是由新树叶缀成的。 飞虫在空中飞翔。 一到黄昏，夜里不睡的蚊母鸟和行动敏捷的蝙蝠，就飞出来捕食它们。 白日里，家燕和雨燕在空中翱翔，雕和鹰在田野和森林上空盘旋。 茶隼和云雀在田野的上空抖动翅膀，仿佛身子被一根线吊在云上似的。

没拴的屋门开了，长着金色翅膀的住户——劳动能手蜜蜂飞了出来。

大家都在唱歌，都在做游戏，都在跳舞。 琴鸡在地上，野鸭在水里，啄木鸟在树上，被称为"天上的绵羊"的鹬在森林的上空。

诗人是这样描写这种景象的："在我们的祖国，一切生灵都乐呵呵，肺草也从败叶下探头，给森林添加一抹蓝色。"

我们称5月是"嗬！"月，知道究竟是为什么吗？

因为5月里，要说天气凉却又挺暖和，要说挺暖和却又挺凉。 白天太阳晒得暖洋洋的，可到了夜里，"嗬！"太凉了！

常常有这种情况：有时热得躲在树荫下，有时得给马厩铺草，自己则凑到炉边取暖。

欢快的 5 月

每一种动物都想表现自己的勇敢、能力，展示自己敏捷的身手。 现在很少听得到歌声，也很少看得见舞蹈，所有的动物的牙和嘴巴都在发痒，想打架。 开战后，兽毛鸟羽满天飞。

森林中的动物都在奔忙，因为这是春季最后一个月了。

夏天就要到来，鸟儿们得做巢，得做好孵小鸟的准备。

农村里的人说："春天挺想留在俄罗斯，在这里安家落户。可布谷鸟和夜莺一啼，它就倒在夏天的怀里了。"

森林记事

森林交响乐

5月里，夜莺亮起了歌喉，它的歌声日夜不停，时而尖利，时而婉转。

孩子们都觉得奇怪，它什么时候睡觉呢？ 原来在春天，鸟是没工夫睡大觉的，它每次只能睡短短的一小觉，在唱歌间歇的半夜或中午打个盹儿。

在清晨和黄昏，是森林乐队的演出时间，不光是鸟，森林里所有的动物都在唱歌奏乐。 各唱各的曲子，各用各的乐器；或低吟浅唱，或高歌亮嗓，各有各的唱法，好不热闹。

燕雀、莺和歌声婉转的鸫鸟，用清脆、纯净的声音唱着。 拉琴的是甲虫和蚂蚱。 打鼓的是啄木鸟。 吹笛的是小巧的黄鸟和白眉鸫。 狐狸和白山鹑唱小调。 牝鹿咳嗽着。 狼嗥叫着。 哼曲的是猫头鹰。 低唱的是丸花蜂和蜜蜂。 青蛙咕噜咕噜地吵一阵，又呱呱地叫一阵。 那些五音不全的动物也毫不气馁，一个个弹奏着它们心爱的乐器。

啄木鸟寻找能发出响亮声音的枯树枝。 这就是它们的鼓。

而它坚硬的嘴就是好用的鼓槌。

天牛的脖子扭动起来会吱吱作响，这不是活像在拉一把小提琴吗？ 蚱蜢用小爪子抓翅膀，它们的小爪子上有小钩子，翅膀上有锯齿，不也奏出乐来了吗？

火红的麻鳽(jiān)长着长长的嘴巴。 长嘴伸到水里，使劲一吹，把水吹得布噜布噜直响，整个湖里哄传起一阵喧嚣，好像牛叫似的。

而沙锥竟然能用尾巴唱歌。 它冲入云霄后，张开尾羽，一头俯冲下来，尾羽兜上风就发出咩咩的声响，活脱脱就是一头在森林上空欢叫的天羊！

林里的乐队就是这样的。

请到家中来

在乔木和灌木底下，离地不很高，早已闪出了顶冰花的金星似的花朵。 它开花的时节，树上还没长出叶子来，因此春天的阳光可以一直照到地面上。 就在这阳光下，顶冰花早早地开

了花。 它的旁边还有紫堇，也开花了。

初放的紫堇花真叫人赏心悦目！ 它浑身上下什么都挺美：奇妙的淡紫色小花，一束束开在茎的尖端上，花的小茎是长长的，青灰色的小叶子，边缘像锯齿似的。

现在，顶冰花、紫堇姐妹已失去了昨日的艳丽。 它们的黄金时代已经过去了。 树荫浓了，妨碍它们的生存。 不过，反正它们已经做好了"回家"的准备。 它们的家就在地下，它们不过是地面上的来客。 它们的种子一播下，就去得无影无踪了。 然而它们那些小小的球茎和圆圆的块茎却藏在深土里，一直从夏天幽居到明年开春。

如果你想把它们移植到自己家里来，那就要趁它们的花朵还没有凋谢的时候，马上把它们掘起来。 掘的时候要当心，因为这种小植物的白色地下茎往往是好长好长的呢！

在土冻得很厚的地方，我们这些小客人的球根和块茎，埋藏得很深，在较暖和或有覆盖物的地方则浅些。 你们在移植时要注意这一点。

◉尼·巴布罗娃

动物在田野里说话

我和小伙伴到田里去除草。 我们默默地走着，突然听到从草丛里传来的一只鹌鹑的叫声："去除草！ 去除草！ 去除草！"我跟它说："我们就是去除草呀！"可它还是一个劲儿说它的"去除草！ 去除草！"我们走过池塘时，又见两只青蛙把头探出水面，鼓起鼓膜在那里喊叫。 一只青蛙叫的是："傻瓜！傻瓜！ 瓜！"另一只青蛙回答它："你傻瓜！ 你傻瓜！"

我们走到田边，受到了圆翅田凫的热烈欢迎。 它们在我们头顶上扑着翅膀，问我们："是谁？ 是谁？"

我们答道："克拉斯诺雅尔斯克村的。"

◉本报通讯员　库罗奇金

鱼的语言

有人把记录着水底声音的录音带，用无线电收音机广播了一下，听到的是人类从未听到过的声响，有低沉的哼唧声，有尖厉的嘶叫声，有莫名的呻吟声，有奇特的呷呷声，夹杂着突然响起的震耳的嗒嗒声。 把屋子里的人声都压倒了。 原来这是黑海里各种鱼类的声音。 每一种鱼都有它自己的声音，很容易把它和水底世界中的其他居民区别开。

现在我们借助海底采音装置，确信水下并不是一个无声的世界，鱼类并不是哑巴。 这发现有很大的实际意义，靠水底测音机的帮助可以探知，什么地方群聚着贵重的鱼类，它们在往什么地方转移。 这样就可以避免出海捕鱼的盲目性，从而根据鱼类的分布和行踪情报进行捕捞作业。

将来，人也有可能学会模仿鱼的声音，用这种方法来引诱鱼群。

天然屋顶下

花朵里最娇弱的东西是花粉。 它被打湿后就坏掉了。 雨水、露水对它都有害。 那么，花粉是怎样保护自己免受其害的呢？

铃兰、覆盆子和越橘的花朵，像一个倒挂的小铃铛，所以它们的花粉是藏在屋顶底下的。

金梅草的花是朝天开的，但它的花瓣都向里弯成小勺状。花瓣向里弯着，一层花瓣的边儿压着另一层花瓣的边儿，这样就形成了一蓬严丝合缝的小球。雨点打在花上，可是没有一滴能落到里面的花粉上。

含苞待放的凤仙花，把它每一个花蕾藏在叶子下面，多么巧妙呀！花梗架在叶柄上，为的是使花不偏不倚，开在叶子底下，就像躲在屋顶下面一样。

野蔷薇花的雄蕊很多，遇到雨天它只好把花瓣闭合起来。莲花也采用这个方法对付雨水。

毛茛的花是向下垂着的。

●尼·巴布罗娃

森林之夜中我所听到的

一位森林通讯员来信说："我夜里到森林里去，听夜森林里的声音。我听见了各种各样的声音。至于那都是些什么动物的声音，我可不知道。我该如何给《森林报》写有关的报道呢？"

《森林报》编辑这样答复他："请把你听见的声音都描写出来，让我们想法搞明白。"

后来，他就给我们编辑部寄来了下面这个稿件：

"说实话，夜里我在森林中听到的，尽是些乱七八糟的声音，一点也不像你们在报上所描写的什么乐队。鸟叫声变得稀落了，后来就完全是一片静寂。这是半夜了。

"后来，突然间从一片高地上传来一阵低沉的琴声。这琴声越来越大，直到变成一种轰鸣。随后，声音又越来越小，终于完全没有声音了。

　　"我心想：这倒也不错，就算个前奏吧。虽然是个独奏，总算是开场了啊！

　　"这时猛然响起一阵狂笑：'哈——哈——哈！呵——呵——呵！'我不禁毛骨悚然。

　　"我心想：这是夸奖音乐家吗？——在笑话他吧！

　　"又沉寂下来，好久没有一点响动。我以为，再也不会有什么动静了。

　　"后来，我听见有谁在给留声机上发条。一个劲儿上呀上呀，这种声音持续了很久，可就是没有什么音乐放出来。我心想：'它们的留声机坏了怎么着？'

　　"终于这种声音停息了。安静了一会儿之后，那种吱、吱、吱的声音又响起来，没完没了，简直讨厌。

　　"上发条的声音好不容易才停止下来。我心想：现在该上唱片了，马上要放音乐了。

　　"忽然间，响起了鼓掌声。那掌声热烈得很，所以听起来很响亮。我心想：这是怎么回事儿？还没演奏，就拍起巴掌来了？

　　"这就是我听到的声音。后来，又是给留声机上了好长时间发条的声音，只是没放出任何音乐，我一生气，就回家了。"

　　我们说，这位通讯员不该生气。他起初听见的、像低音琴弦似的嗡嗡声，是一种甲虫，大概是金龟子，在他的头顶上飞过。

　　使他毛骨悚然的笑声，是大型猫头鹰灰林鸮的叫声。它的声音就是那么讨厌，你拿它有什么办法？

给留声机上发条的声音，是蚊母鸟的。蚊母鸟也是夜里飞出来的鸟，只不过不是猛禽罢了。当然这种鸟不会有什么留声机，那种吱吱声是它的喉音。它自以为那是唱歌呢！

鼓掌的也是蚊母鸟。它拍的当然不是手，是用翅膀在空中呱呱呱地拍。拍出的声音很像鼓掌。

它为什么要这样做呢？我们编辑部可没法解释，因为我们自己也不知道。也许就是心里高兴，拍着玩的吧？

天然舞蹈家

灰鹤在沼泽地上开舞会。大家围成一圈，有一两只走到圈中央，于是舞会就开场了。

起初还没什么，只不过用两条长腿蹦高罢了。后来越跳越上劲，连蹦带跳，连摇带跳舞，这种舞步简直能笑死人！它们还转圈儿呀，蹿跳呀，打矮步呀，活像踩着高跷跳俄罗斯舞！而围成圈的灰鹤也用翅膀打着拍子，而且打得不快不慢，很有节奏。

猛禽的游戏场和舞场是设在空中的。 特别出色的是游隼，一直升到白云下，就在那里显示它们的灵活劲儿。 它们时而猛地把翅膀一收，从令人目眩的高空像石子似的跌落下来，眼看快跌到地面了，才把翅膀打开，来个大回旋，直冲云霄；有时候，却停在很高很高的空中，张着翅膀僵在那里，一动也不动，好像有一根线拴着它，挂在白云下似的；有时候，它们又在空中翻起跟斗来，像个小丑，倒栽葱似地向地面猛地跌落下去。

最后到来的鸟

春天快要过去了，最后一批在南方过冬的鸟，飞到我们列宁格勒来了。 不出我们的意料，这些鸟儿都穿着五彩缤纷的盛装。

现在，草地上开满了鲜花，乔木和灌木都长满了新叶，鸟儿们很容易躲避猛禽的袭击了。 彼得宫里的人曾经看到在小河上飞着的翠鸟，它们身着翠绿、棕色和浅蓝三色相间的礼服。 它们是从埃及飞来的。

在树丛中还有黑翅膀、通体金黄的金莺，它在丛林里叫着，那声音好像吹横笛，又好像瘦瘦的猫在叫。 它们是从非洲归来的。

在潮湿的灌木丛里，出现了蓝胸脯的小川驹鸟和杂色羽毛的野鹁。在沼泽地上，出现了金黄色的黄鹂鸹。

粉红胸脯的鵙（jú）鸟、五彩的戴着毛茸茸围脖的流苏鹬和暗绿蓝色相间的僧鸟，也都飞来了。

秧鸡步行而来

还有一种有翅膀但不善飞行的怪家伙——秧鸡，也从非洲徒步走来了。

秧鸡飞行起来很困难，而且速度很慢。它这么飞，鹞鹰和游隼很容易把它捉住。然而秧鸡跑起来很快，而且善于藏在草丛中避险。

因此，它宁可徒步走过整个欧洲，悄悄地在草场上和灌木丛间前进。只是在迫不得已的情况下才使用飞行，而且多在夜间。

现在秧鸡到了我们这里，在高茂的草丛里成天叫唤："咯咯！咯咯！"

你可以听见它的叫声，但是如果你想把它们从草丛里撵出来，仔细看看它是个什么样儿，那就不容易了。

不信，你试试！

有笑的,有哭的

森林里的树木都快快乐乐的，只有白桦在哭。在灼热的阳光下，白桦树的树液在白色的躯干里越流越快，而且从树皮的孔里流到外面来了。 人们把白桦树液当成又好喝又能补身的饮料，所以就割开树皮，把它收集到瓶子里。

白桦树如果流出了大量的树液，就会干枯、死掉，因为树液就相当于人体里的血液。

松鼠开荤

松鼠吃了一冬的素，剥松果吃，吃秋储的蘑菇，现在到了它开荤的时候了。 许多鸟已筑了巢，生了蛋，有的还早早地孵出了幼鸟，这挺对松鼠的胃口。

松鼠在树枝上和树洞里找鸟巢，把小鸟和鸟蛋偷出来当饭吃。

这个可爱的小家伙干起破坏鸟巢的坏事来并不亚于任何猛禽。

红褐色的蝇头兰

这种有趣的花，在我们北方是很少见的。 当你看见它们的时候，你不由得想到它的近亲——热带雨林兰。 在我们这里，兰花只生在地上。 在热带森林里，兰花却生在树上，因而名声远播。

我们这里的一些兰花根很发达，像一只胖胖的小手，张开5个手指头。 它们的花并不好看，甚至有些丑陋，但舌唇兰等品种的花却香得很，香得令人心醉！

近日我在罗普萨第一次看到了一种兰花，它是兰花里面最出色的一种。这种我从来没见过的植物，开着5朵美丽的大花。我伸手撩起一朵花，马上就厌恶地缩回了手，因为有一只红褐色的怪苍蝇躲在花上。我用麦穗拍它，它一动不动。我再仔细一瞧，原来不是苍蝇。它的身子像天鹅绒似的柔滑，上面还有浅蓝色的斑点，有毛茸茸的短翅膀，有头，还有一对触须。不过，怎么说也不是苍蝇。后来才弄清，它是兰花株体的一部分，这种兰花名叫蝇头兰。

去采浆果

草莓熟了，在向阳的地方可以找到红彤彤的熟透了的草莓。它是多么的甜多么的香呀！你吃过以后，很久也忘不了它。

覆盆子也熟了。沼泽地上的云莓也快熟了。覆盆子枝上的浆果多极了。而草莓，每棵却顶多只有5个浆果。云莓是浆果植物中最小气的，它的茎上只挑着一颗果子，而且有的云莓只开花不结果。

●尼·巴布罗娃

这是什么甲虫

我捉到一只甲虫，不知道它的名字和食性。它的模样很像那种名叫瓢虫的甲虫，只是瓢虫是红色的、带白点子，这只甲虫却浑身漆黑。

它圆乎乎的，比豌豆粒稍大些，6条腿，也会飞。它背上有两片黑的硬翅膀，硬翅膀底下有黄色的软翅膀。它乍起硬翅，展开软翅，就飞起来了。

有趣的是，当它遇到什么危险的时候，就把小爪子往肚皮底下一藏，把触须和头一缩。这时，你把它拿到手里看，决不会说它是甲虫，很像一粒黑色的水果糖。

不过，只要没人去碰它，过不了多大一会儿，它就会伸出6只小脚，然后伸出头来，最后伸出触须。

我恳切地请求您回答我：它是什么甲虫？

●柳托尼娃（12 岁）

编辑部的回复

由于你把你的小甲虫描述得很精细，我们马上就判断出来了，它是阎魔虫，也叫做小龟虫。它像乌龟一样，爬得很慢，它也会像乌龟那样，把头脚缩到壳里去。它的甲壳完全容得下它的头、脚和触须。

阎魔虫有好多种，有黑的，也有别种颜色的。它们都吃腐烂的植物和家畜的粪便。

有一种黄色的阎魔虫，浑身生着细毛，它们住在蚂蚁窝里。它们往往是自由自在地飞上一阵后，就又回到蚂蚁窝里去。蚂蚁并不惊扰它。蚂蚁保护自己的窝，也保护它们的房客阎魔虫，使它不受敌人的伤害。

摘自少年自然科研小组的日记：

燕子做巢

5 月 28 日　我的房间窗子正对着邻居家的一个小木房。在邻家小房子的屋檐下，有一对燕子做起巢来了。

我非常高兴，因为这样我就可以直接看到燕子做窝的整个过程了。 而且还能得知，它们什么时候开始孵蛋，怎样喂小燕子。

我注意观察我的燕子夫妇是从什么地方搞到垒窝的建筑材料的，原来，是从村庄的小河边衔来的。 它们飞到小河边，落在紧挨水边的岸上，用嘴挖出一小块河泥，马上衔回小木房。它们在这里轮流换班，把泥粘在屋檐下的墙上。 就这样一点一点地衔回泥，再把泥糊到墙上。

5月29日 不幸的是，对这个在建燕窝感兴趣的不单是我，还有隔壁的一只大雄猫。 它今天大清早就爬上了房顶。这家伙是个粗野的流浪汉，因为跟别的猫打架，浑身的毛秃一片挂一片的，右眼都打瞎了。

这只猫一直盯着飞来的燕子，而且已经向檐下偷看了不止一次，看巢做好了没有。

燕子发现敌情后就惊慌地叫了起来，猫待在房顶上不走，它们就停下工来，不继续做巢了。 难道燕子要另找地方吗？

6月3日 这几天，燕子做好了巢的基部，形状像镰刀似的。 大雄猫总是爬上房顶吓唬它们，干扰它们的工作。 今天午后，燕子根本没有飞来过。 看来它们是要放弃这个建筑工程了，它们要另选一个安全的新址。 这样我的观察计划就要泡汤了。

真是不顺心呀！ 好不让我懊丧！

6月19日 这些日子天气一直很热。 房檐下的那个黑泥垒成的镰刀形底座干透了，颜色也变灰了。 燕子一次也没有来。 白天乌云密布，下起了大雨。 这才叫真正的倾盆大雨！ 窗外好像挂起了一条用玻璃条儿织成的帘子。 街道上水流成河。 小河泛滥了，河水咆哮着向前涌去，沿岸的稀泥没过膝盖，要趟水过河，绝对不行。

这场雨下到黄昏才停。 一只燕子飞到屋檐下来了。 它落到筑成的巢基上，贴着墙待了一会儿，就又飞走了。 我心想："也许燕子不是被猫吓走的，只不过是因为这几天它们没处去找做巢的湿泥，也许它们还会回来吧？"

6 月 20 日 燕子飞来啦，飞来啦！ 而且不是一对，是一大群呢！ 它们在房顶盘旋，还不时朝房檐下瞭望，叽叽喳喳地叫着，好像在争论什么似的。

它们商量了十来分钟，一下子都飞走了，只留下了一只。它用爪子钩住镰刀形的巢基，停在那里用嘴巴修理着，也可能是用自己吐出的黏稠唾液在加固它。

我相信这只雌燕子是这个巢的女当家。 过了一会儿，那只雄燕也飞来了。 它嘴对嘴地递给雌燕一块泥。 雌燕子继续做巢，雄燕子又飞去衔泥了。

大雄猫又来到房顶上。 可现在燕子不再怕它了，也不再喊叫，继续干活，一直干到日落。

看来，不管怎样，我总可以看见一个燕子巢了！ 但愿大雄猫的脚爪够不到它。 不过燕子自己也知道做窝的安全位置。

◉本报通讯员 维利卡

斑鹟窝前

5 月中旬，一天晚上 8 点钟左右，我在我们园子里看到一对斑鹟（wēng），它们落在白桦树旁的柴棚顶上。 白桦树上有我挂的一个带活动盖儿的树洞形人造鸟巢。 后来雄鸟飞走了，留下的雌鸟飞到鸟巢上，却没有钻进去。

过了两天，我又看见了雄斑鹟。 它钻进鸟巢里去了一下，后来落在苹果树上。 这时又飞来一只朗鹟。 两只鸟就打起架来。 原来朗鹟和斑鹟都是在树洞里做巢的鸟。 朗鹟想抢占斑鹟的巢，但斑鹟坚守着自己的家。

一对斑鹟在树洞状鸟巢里住下来了。 雄斑鹟不停地唱歌，在鸟巢里钻出钻进。

一对燕雀落到白桦的枝头，斑鹟并不理会。 这道理也不难懂，燕雀不是斑鹟的死对头，燕雀自己给自己做巢，不住在树洞里。 还有，它们的食性不一样，各吃各的食。

又过了两天。 早上，一只麻雀飞到斑鹟的家里来了。 雄斑鹟向它扑了过去。 两只鸟在巢里打了一场恶仗。

忽然一下子，一点动静也没有了。

我跑到桦树跟前，用木棍敲了敲树干。 麻雀从巢里钻了出来。 雄斑鹟却没有露面。 这时雌斑鹟在鸟巢附近盘旋着，凄厉地叫着。

我担心，雄斑鹟是不是被麻雀啄死了，就往鸟巢里瞧了瞧。 我看见它还活着，不过被撕扯得已不成样子。 巢里还有两个蛋。

雄斑鹟在巢里待了很久，飞出来时，只见它很憔悴，刚落到地上就受到几只母鸡的追击。 我很为它的命运担忧，因此把它捉回家里去，喂它苍蝇吃。 晚上，我又把它送回鸟巢里去。

7 天后我又去探望这窝鸟儿。 一股霉烂味儿扑面而来。 我看见雌斑鸠伏在巢里孵蛋。 雄斑鸠靠墙躺在雌鸟身边，它已经死了。

我不知道，是麻雀又闯进来过，还是在第一次打架后，雄斑鸠由于伤势过重而死去的。

我把死去的雄鸟掏出时，雌斑鸠都没飞出来，后来它终于把小鸟孵了出来。

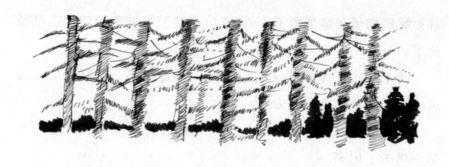

森林大战

（续前）

读者还记得，住在采伐地上的特约通讯员写信告诉我们什么吗？ 他们一直盼望着那里重新变绿，变成一片云杉林。

真的，下过几场温暖的雨后，在一个晴朗的早晨，采伐地变绿了。 不过，那些从地面钻出来的绿芽是哪种植物呢？

根本不是小云杉，不知打哪儿来的一批蛮不讲理的草种族，竟抢在小云杉的头里了。 那是些莎草和拂子茅。 它们长得又快又密。 小云杉拼命地从地下往外钻，但为时已晚，阵地已被野草大军占领了。

第一场大战开始了！ 小云杉用它们那锋利得像枪刺一样的尖，好不容易才挑开头上覆盖着的野草层。 野草家族也不甘示弱，它们拼命往小树身上压。 地上在大打出手，地下也在大打出手。

野草和树苗的根纠缠在一起，厮打在一起，你勒我，我掐你，像凶恶的鼹鼠一样在地下乱钻，为的是抢夺那营养丰富、充满了盐类的地下水。 一大批小云杉没来得及见到天日就惨死在地下，它们是被草根给勒死了。 草根又柔韧又结实，简直跟细铁丝一样。

一些好不容易挣出地面的小云杉又被草茎紧紧地缠住了。野草缠住小云杉结实的树干。 草茎是有弹力的，编织在一起，小云杉想用自己的尖梢把它捅破，而野草不许小云杉钻到上面去，要罩住它，不让它晒到太阳。

只偶尔在个别地方，有少量的小云杉好不容易钻到野草大军这面密实的大网上面来了。

空地上的战斗正酣的时候，河对岸的白桦刚刚开花。 可是，白杨已经准备好去远征了，它们要在河对岸登陆。

白杨的荑荑花序张开了，从每个花序里都飞出几百个顶着白色刷毛的小种子——独脚的小伞兵。 风正在兴头上，它挟起一张张白色的降落伞，带着这些独脚小伞兵在空中打着转，浩浩荡荡地过了河，到了河那边，风一撒手，把它们均匀地撒在整个采伐地上，一直撒到云杉国的边境。 于是，这些小伞兵就直逼到云杉国的城下。

独脚小伞兵们像雪花似的落在小云杉和野草的头上。 第一场雨把它们冲进地下，于是它们就潜藏下来。

一天天过去了，采伐地上的战争还在进行。 不过可以明显看出，野草在节节败退。

野草拼命挺直腰板，往高里撑，但终究比不过也在生长的小云杉。

这样一来，草种族的日子可就不好过了。 小云杉把长满浓密的针叶的枝条，遮在野草头上，抢走了野草的阳光。 被遮得密密实实的野草很快衰败下来，瘫倒在地。

但是，这时从土里出现了另外一支队伍——小白杨，它们畏畏缩缩地挤在一起，浑身瑟瑟发抖。

它们来晚了，没有力量对付小云杉了。

云杉把浓密的枝叶搭在小白杨的头顶。 小白杨只好缩起身子，很快就枯萎在阴影之中。 白杨是非常喜爱阳光的植物，离开太阳就不能活命。

云杉正一步步走向胜利。

这时，又有一批新的敌国伞兵，在采伐地上登陆了。 它们是驾着双翅滑翔机来的。 它们也跟白杨的子弟兵一样，也是刚一来，就躲到泥土里去不见了。 它们就是白桦树的种子，它们热热闹闹地过了河，也散布在整个采伐地上。

它们能不能战胜云杉家族这头批占领者呢？ 我们的特派员还不知道。

我们将在下一期《森林报》登载他们发来的最新报道。

农庄生活

农庄庄员们的事情很多：播种完成了，可还得往田里送厩肥和化肥，再把肥施到秋播地里。 紧接着，就是忙菜园里的工作。 第一桩是栽马铃薯，然后种胡萝卜、黄瓜、芜菁、饲用芜菁和甘蓝。 这时亚麻也长高了，该给它除草了。

孩子们也不待在家里闲着，他们在田里和菜园、果园里帮大人们栽种呀，除草呀，农村的活多着呢！ 他们编结够用一年的白桦帚①，拔嫩荨麻。 嫩荨麻是做菜汤用的，用这种草菌做的酸蘑汤好喝得很。 村民们还要去捕鱼，钓小鲤鱼、斜齿鳊、铜色鲹（guì）鱼、鳜（guì）鱼、鲈鱼、鳊鱼、钞鱼等等，设鱼笼逮鳕鱼和梭鱼，下鱼饵捉鳜鱼、梭鱼和鳕鱼。

晚上，他们用捞网捕捞各种鱼。 捞网是在一根长竿上端安上网框，框上装口袋形的网。

―――――――――

①这是一种洗澡的用具。苏联人把白桦树枝连枝带叶扎成一束，洗澡的时候蘸热水在身上拍打。

夜间，他们在岸边布下捉龙虾的套儿，坐在篝火旁，等到龙虾上套的多了，再去捉。 在等待的时候，大家讲笑话和恐怖的故事。

清晨已听不到公田鸡，也就是灰山鹑从庄稼地里传来的叫声了。 秋种的黑麦已经长到齐腰高了，春种的庄稼也长起来了。

公田鸡还住在老地方，可是它不能再叫了，它身边就是窝，窝里有蛋，雌鸡在孵蛋。 公田鸡现在必须保持沉默，不然会叫出灾祸：不是大鹰听见叫声飞过来，就是孩子们会跑来，再不然会招来一只狐狸，这些家伙全是捣毁田鸡窝的能手呀！

大人的好帮手

刚一放假，少先队员就开始给集体农庄庄员帮忙了。 他们在田野锄草，扑杀害虫。

少先队员劳逸结合，既休息，同时又工作。 这办法好极了。

以后还有许多事情要干，得做到用心用力。 不久就要收割庄稼了。 我的工作是帮大人们给收割的麦穗打捆。

●本报通讯员　安娜

崭新的森林

在俄罗斯联邦的中部和北部地区，春季造林工作已经完毕。 大片大片的新森林诞生了，它们的总面积约为10公顷。

在苏联欧洲部分的草原地带和森林草原地带，今年春天，各集体农庄开辟了约 25 万公顷的新护田林带。 同时还建成了大量的苗圃，培育了 10 亿多棵乔木、灌木树苗，供明年造林使用。

到秋天，俄罗斯联邦林场还要造几万公顷的新森林呢！

农庄新闻

逆风帮忙

村里收到从亚麻田里寄来的一份申诉书。 亚麻苗投诉杂草，称这些坏家伙在田里胡作非为，威胁到它们的生命安全。

农庄马上派了一批女庄员去帮亚麻的忙。 她们惩治杂草，对亚麻百般爱护。 她们脱掉鞋子，打着赤脚小心翼翼地顶着风沿田垄走。 亚麻在女庄员的脚下，还是向地面弯下去了，但是逆风把亚麻的茎一推，就把亚麻托了起来。 现在亚麻苗安然无恙地随风晃动，而它们的天敌却被消灭了。

小牛犊第一次到牧场上

牧人把一群小牛犊第一次放到牧场上。 它们感到了巨大的欢乐，撅起尾巴，这个跑呀，那个撒欢儿呀！

绵羊脱掉大衣

在我们的绵羊理发室里，有 10 位经验丰富的剪毛工人，在用电推子给绵羊剪毛。他们把绵羊身上的毛剪得干干净净，好像脱下穿了一冬的大衣。

帮小羊羔找到妈妈

当牧羊人把剪完毛的绵羊妈妈放回到小绵羊中去的时候，小绵羊不认得它们了，小绵羊问："妈妈，你在哪儿呀？你在哪儿呀？"声音悲悲切切的。

牧人帮助每一只小羊羔找到妈妈后，又回到绵羊理发室去给下一批绵羊推毛。

牲口群不断扩大

农庄的牲口群在一天天壮大。今年春天新增了多少小马、小牛、小绵羊、小山羊和小猪呀！

昨天一夜的工夫，小河村的小学生——小家畜饲养家们的牲口群，就扩大到了 4 倍。以前，只有一只小羊，现在有了 4 只：它们是妈妈库姆什卡和它的 3 个子女库贾、姆札和什卡利克。

在农庄里的新生活

果园迎来了花期，这可是果树们一生中的重要阶段。果园里的草莓已经开过花了，一棵棵圆圆的樱桃树上，开满了雪白的花，昨天梨树上的花蕾也绽开了。

再过一两天，苹果树也要开花了。

昨天，在温室里育出的南方蔬菜西红柿秧喜迁新居，新居就在池塘旁边。 黄瓜秧搬到它们的隔壁来住了。 西红柿秧已经长大了，眼看就要开花。 黄瓜秧小娃娃还躺在它们的白封套里，只露出个鼻子尖。 土地妈妈呵护着这些小娃娃，不让贪婪的飞鸟发现它们。 黄瓜秧能很快地长大，赶上西红柿吗？

六只脚的劳动者

一提起跟农作物有关的昆虫，我们就会想到庄稼的种种害虫，它们个头不大，可危害不小。 我们竟忘记了，有多少6只脚的劳动者，在田里为我们干活。 我们忽视了，它们对植物授粉起着重大的作用。

有许多种有翅膀和6条腿的昆虫比如蜜蜂、丸花蜂、姬蜂、甲虫、蝇类、蝴蝶等，辛勤地为黑麦、荞麦、亚麻、苜蓿等作物授粉。 有时候，这种小劳动者的力量不够，它们不能让我们的庄稼全部得到足够的花粉。 那时，我们只好用我们的手来帮助它们。

两个人各拉住一条长绳的一头，从已开花的作物梢头拖过，花粉就从被拖弯的梢头上的花上落下来，随风飘撒在田间，或粘在绳子上，带到别的花上。

给向日葵授粉的方法是这样的：把花粉收集在一小块兔子皮上，然后用这块兔子皮，把花粉扑到所有的正在开花的向日葵花盘上。

◉尼·巴布罗娃

都市新闻

麋鹿来到列宁格勒

5 月 31 日清晨,有人在列宁格勒梅奇尼科夫医院附近,发现了一只麋鹿。 最近几年来,麋鹿不止一次出现在我们市区,大家猜想,麋鹿是从符谢沃罗德区的森林里来的。

鸟在说什么?

有位公民来到《森林报》编辑部,叙说了他遇到的一件事:

"早晨,我在公园里散步。 忽然,有谁用哨音从灌木丛里问我:'你看见特里什卡了吗?'那声音很响亮,而且很急切。我一瞧周围一个人也没有,只有一只浑身通红的小鸟,站在灌木丛上。 我看了看它,心想:'这是什么鸟呀,竟然会说人话,而且说得这么清楚! 它问的那个特里什卡又是谁呀?'接着,它又问起它那句话来了：'你看见特里什卡了吗？' 我向它跨近一步，想走到跟前去看个清楚。 可是它一溜烟就逃到灌木丛中不见了。"

这位公民见到的鸟叫红雀，是从印度飞来的。 它的尖啸声，听起来真的像在问什么。 不过，听的人每人都按照自己的想法把它翻译成人话。 有人听起来像是："你看见特里什卡了吗？"而有的人听起来像是："你看见格里什卡了吗？"

深海来的客人

最近几天，从芬兰湾密密匝匝地游来了大批的小鱼。 它们叫胡瓜鱼，是游到涅瓦河里来产卵的，生出的小鱼将重新返回海洋中去。

只有一种鱼苗是在深海里长大的，而后从深海游到河里来生活。 它的出生地，是在大西洋中的藻海里，这种奇特的鱼叫小扁头鱼。

你没听见过这样的鱼名吧？ 这也难怪：因为这是它住在海洋中时的小名。 那时，它通体透明，肚里的肠子都看得清清楚楚，扁扁的身体像片树叶。 等它长大了，却变得像一条蛇了。

只有到这时，人们才恍然大悟，原来这是鳗鱼。 小扁头鱼在藻海里住了 3 年，到第四年，它们变成小鳗鱼，身体还是玻璃般透明。

现在，小鳗鱼就会密密麻麻地向涅瓦河游去。 它们从故乡大西洋神秘的深海里游来，路程至少有 2500 公里！

鸟儿试飞

当你走在公园里、街头或林荫路上的时候，要常常往上头瞧瞧，当心小乌鸦、小椋鸟从树上，小寒鸦、小麻雀从屋檐下掉到你的头上。现在它们刚开始出巢，还在学飞呢！

城郊过客

近些日子，城郊的人在夜里听到一种"呼哧""呼哧"的鸣叫声。起初，鸣叫声从这一条沟里传过来，接着，又从那一条沟里传了过来。原来发出这种鸣叫声的是从我们这里路过的黑水鸡。

黑水鸡和秧鸡有血缘关系，它也和秧鸡一样，是徒步穿越整个欧洲，来到我们这里的。

去采蘑菇

下过一场温暖的透雨以后，可以到城外采蘑菇去了。平茸蕈、白桦蕈和蘑菇都钻出了地面，这是夏季的第一批蘑菇。它们有个总的名字，叫做麦穗蕈，因为它们长出的时候正值黑麦

抽穗。一到夏天就见不到它们了。

采蘑菇要抓紧时间,当你看见花园里紫丁香花凋谢的时候,你就知道是春天过去了,夏天开始了。

飘动的云

6月11日,许多市民在涅瓦河岸的大街上散步。天上一丝云也没有,天气很热。房子和街道上的柏油路,被太阳晒得发烫,人被它们散发的热气烤得喘不过气来。孩子们在淘气。

忽然,在宽宽的河那边,浮起了一大片灰色的云。

人们都停下脚步朝它望去。只见这片云在擦着河面飞,而且越聚越多。它窸窸窣窣地把散步的人围起来了,这时候大家才看明白,它不是云,而是一大群蜻蜓。

一眨眼工夫,周围的一切都奇妙地变了样子。由于这么多小翅膀的扇动,人们分明地感觉到阵阵凉风扑面而来。孩子们也不再淘气了。他们兴高采烈地望着。太阳光透过彩色云母似的蜻蜓翅膀,在空中形成了一片虹光。

散步的人的脸一下子变得五彩缤纷,斑驳的光影闪闪烁烁。

这片活云"嗖嗖"地响着,在河岸的上空飞过,升高了一些,然后飞到房屋的后面去看不见了。

这是一群刚出世的小蜻蜓，它们集结在一起去找新的地盘。 至于它们是在哪儿孵化出来的，飞到什么地方去落脚，谁也说不清。

其实，这些成群结队的蜻蜓在哪儿都可以经常看到。 如果你看见了蜻蜓群，你不妨注意一下小蜻蜓是从哪儿飞来的，飞到什么地方去了。

做客列宁格勒的浣熊狗

最近几年来，猎人们常常在列宁格勒叶菲莫夫和邻近几个区的森林里，遇到一种兽，这种兽当地居民并不认识。 它跟狐狸差不多大。 原来它是乌苏里的浣熊狗，或者简称"浣熊"。

它们是怎么跑到这里来的呢？ 原因非常简单，是用火车运来的。

50只浣熊被运来后，就放到我们的森林里去了。 10年的工夫，它们繁殖了大批的后代，现在已经准许猎人猎取这种兽了。

乌苏里浣熊的毛皮很珍贵。 整个冬季都可以打到它，因为它们在这里不冬眠。 它们的故乡气候酷寒，但在我们这里，天气暖和的时候还会到窝外去游逛的。

有益的欧鼹

有些人以为欧鼹属于啮齿类动物，会像生活在地下的老鼠一样，在地下刨掘，吃植物的根。 其实这是对欧鼹的诬蔑，因为欧鼹根本不是鼠类，与其说它像鼠，不如说它像身穿天鹅绒般柔软光滑的皮大衣的刺猬。 它也是一种食昆虫的兽，吃金龟子之类害虫的幼虫，因此对我们是有益的。 它也不危害植物。

不过，欧鼹也会在花园、菜园里挖掘，翻起一堆堆土作它安身的洞，有时也会把好端端的花和蔬菜撞坏，这使得主人感到很生气。 那么，主人尽可以心平气和地用一根长竿子插在地上，在长竿子上安装一个小风车。 风吹动风车，转动的风车会使长竿抖动，抖动的长竿又会使鼹鼠洞发出声响。 这样，所有的鼹鼠都会四散逃走的。

●少年自然科研小组组员　尤拉

蝙蝠的回声探测计

在一个夏天的傍晚，从打开的窗子飞进一只蝙蝠。"把它赶走！ 把它赶走！"女孩子们张皇失措地用围巾包住自己的头，大叫起来。

秃头的老爷爷不以为然地咕哝了一句："它是奔着窗内的灯光来的，不会钻进你们的头发里！"

一直到数年前，科学家们还不能理解，为什么蝙蝠在漆黑的夜里飞行，能不迷路。 就是蒙上它的眼睛，堵上它的鼻孔，它同样能够自由地飞行，甚至把它放到拉满细线的房间里，它也能灵活地躲开这些罗网，照飞不误。

一直到发明了回声探测计以后，才揭开了这个谜。 现在已经证实，蝙蝠在飞行时，会从嘴中发出一种人耳听不到的尖叫，这是一种超声波。 这叫声无论碰到什么障碍，都要反射。蝙蝠自己的耳朵能"收听"这些信号："前面有墙！"或者"有线！"或者"有蚊子！"不过，女人的又细又密的头发反射超声的性能不太好。

当然，秃头老爷爷的话没有大错。 可是女孩子们的浓密美发，却的确会被蝙蝠误认作"窗子里的亮光"，也可能会向她们中的一个扑过来的。

给风评分

很小的风是我们的朋友。

夏天，如果炎热的中午没有一点风，我们就会被热得喘不过气来。 没有风，从烟囱里冒出的烟会直冲天空。 如果空气流动的速度每秒钟还不到半米，那我们就感觉不到一点风，因此给风打 0 分。

每秒 0.3 至 1.5 米风速的风叫软风，也可以用另一种标准：每分钟 18 至 90 米，或每小时 1 至 5 公里。 这和人步行的速度差不多，这种风已经能够吹歪从烟囱里冒出的烟了。 这种情况下，我们会觉得清风拂面，非常惬意。 我们给这种风打 1 分。

而每秒 1.6 至 3.3 米的风叫轻风，或者用每分钟 96 至 180 米、每小时 6 至 11 公里来表示。 这和人跑步的速度差不多。树上的叶子会被吹得沙沙响。 我们给轻风打 2 分。

速度达到每秒 3.4 至 5.4 米，即每小时 12 至 19 公里的风就是微风了。 这和马小跑的速度差不多。 微风能摇动树枝，还能淘气地推着纸折的小船跑。 我们给它打 3 分。

　　和风在气象学中是这样描述的：它扬起道路上的尘土，在大海里激起波浪，摇晃着小树枝。 它的速度是每秒 5.5 至 7.9 米。 我们给和风打 4 分。

　　速度达到每秒 8 至 10.7 米或每小时 29 至 38 公里的风，气象学上称为清劲风，大约和乌鸦飞行的速度差不多。 清劲风能吹动树梢发出喧嚣声，让森林里的小树摇晃，大海上波浪涌起。 把成群的小蚊虫吹散。 我们给它打 5 分。

　　强风则已经开始淘气了。 它用力地摇晃森林里的树木；人们晾在绳子上的衣服也被它扔在地上；扯下人头上戴的帽子；

把排球推得改变方向，让人没法好好打排球。 强风的速度已经达到每小时 39 至 49 公里，与火车客车的速度差不多。 气象学家们给风打分用的是 12 分制，幸亏这样，如果像我们小学里成绩用 5 分制，那早就不够用了。 我们给强风打 6 分。

在后面的《森林报》中，我们还有关于风的记事。 在我们这里，秋天的风最大。

追猎

苏联的疆域很大，在列宁格勒一带春猎期早已过去，可北边的河水刚刚到了汛期，正是打猎的好时光。 这时候，许多酷爱打猎的人就赶往那里。

春水、小船与偷袭

乌云布满了天空，今天晚上就像秋天一样黑。 我和塞索伊奇划着一只小船，在森林里的一条小河里前行，这条河两边是陡峭的岸。 我坐在船后面划桨，他坐在前面。

塞索伊奇是个出色的猎人，他会打各种动物。 但他不喜欢打鱼，连钓鱼的人都有些看不起。 今天虽然他也是去捕鱼，但他说这是去"猎"鱼，而不是去钓和用渔网捞。

走完了又高又陡的河岸，我们到了水面宽阔的地区。 有些地方露出了灌木的树梢。 再向前，就看到一片黑糊糊的树。 如果继续走，就到森林了，它就像一面黑色的巨大屏障。

在夏天，这里的小河和小湖塘之间只有一条窄窄的岸，上面长满了灌木，有条窄窄的水道贯通了小河和湖塘。 但是现在用不着去找这条小水道了，到处都是很深的水，小船可以自由地穿过那些灌木。

船头放着一块大铁板，上面堆着干树枝和引柴。 塞索伊奇打着火柴引燃了篝火。 红黄色的火光照亮了平静的水面，也在小船旁边光秃秃的灌木枝上闪烁着。

但我们现在可没闲下来看风景，我们只是注视着下面，看着被火光照亮了的水下。 我轻轻地划着，尽量不让桨伸出水面。 小船慢慢地，悄无声息地向前行着。 我们眼前呈现出一个奇幻的世界。

我们来到湖面上。 我觉得湖底好像藏着一些巨人，他们陷在泥里，头露出来，头发蓬乱地无声地漂动着。 我不知道这是水藻还是草。

前面有一个深深的潭，黑黑得看不到底。 其实它也许不太深，只是篝火并不能照亮潭底，在水里只能照到两米多深。 这黑咕隆咚的深潭可真吓人呐，谁知道底下藏着什么怪物啊！

这时，从黑暗的水底里浮上来一个银色的小球，刚开始升得不快，后来就越升越快，逐渐变大。 它直朝着我的眼睛冲过来，马上就会跳出来打中我的头了……我赶紧把头一缩。

这个球一冒出水面就变成红色并且马上就炸开了。 原来是个沼气泡。

我仿佛感觉是乘坐飞艇遨游太空一般。

船下有几个岛屿溜了过去，岛上长满了密密的、挺直的树林。 有一个黑黑的怪物，把它那多节的手臂弯成钩向我们伸过来。 是章鱼的触须吗? 但是它的触须太多了，样子也更丑陋。 原来是一棵淹没在水里的树。 这棵白柳长着交错的树根。

塞索伊奇开始行动，我抬眼看着他。

塞索伊奇是个左撇子，他站在小船上，左手举起了鱼叉。他双眼专注地盯着水里。 那副雄赳赳的模样真像一个威武的军人，矮墩墩的身材，满脸短胡须，就要擎着长矛杀死战败的敌人。

鱼叉有两米长的柄。 下面是 5 个闪闪发光的钢齿，每个钢齿上还装有倒钩。

篝火把塞索伊奇的脸都映红了，他转过头来，对着我做了个鬼脸，我马上停下了船。

他小心翼翼地把鱼叉伸到水里去。 我随着向下一看，只见水里深处有个直直的小黑长条儿。 开始我认为是一根棍子，后来看清那是一条大鱼的脊背。 塞索伊奇拿准鱼叉，斜斜地对准了那条鱼，慢慢地伸过去。 有一刻，他和鱼叉都一动不动地等待着。 然后猛地一下，塞索伊奇用力把鱼叉刺进了那条鱼的脊背。

湖面上一阵折腾，猎物被他拖了出来：是一条大鲤鱼，起码有两公斤，它拼命挣扎想摆脱鱼叉。 船又继续前行。

又过了一会儿，我看到了一条鲈鱼。 它一动不动地像在思考似的，还把头钻在水底的灌木丛里。 它离水面很近，我甚至看清了它那长着黑条纹的身体。 我看了看塞索伊奇。 他摇摇头表示不要这条鱼。 我知道他是嫌小。 于是我们放过它，继续向前。

我们俩就这样在湖上泛舟。水底的景色太迷人了，从我眼前一幕幕移过。甚至在塞索伊奇多次猎获"野味"的时候，我都舍不得把目光移开。

又有一条鲤鱼、两条大鲈鱼、两条细鳞的金色鲤鱼从湖底进入我们视线。黑夜即将过去，现在我们已经进入田里了。燃烧着的枯枝和通红的木炭一根根掉在水里，发出"嘶嘶"的声响。偶尔，有野鸭扑着翅膀从我们头顶飞过。还有一只小猫头鹰在黑糊糊的小树林里低声地叫着，似乎反复告诉我们："我在睡觉。"一只小水鸭也在灌木丛后面发出动听的叫声。

这时，我看到有一根短木头横在小船前面，我把船头一拐想绕开它。塞索伊奇这时却气呼呼地命令我："停！停！梭鱼！"他兴奋起来，连说话都带着咝咝声。

鱼叉的柄上，拴着一根绳子。塞索伊奇敏捷地把绳子在自己的手上绕了两圈，仔细地瞄准，然后小心翼翼地将鱼叉插到水里去。

他使尽全力将鱼叉刺进梭鱼身体里。被刺中的梭鱼竟然拖着我们走了一阵，但鱼叉刺得很深，它没法挣脱。

拉上来一看，这条梭鱼竟然有7公斤重。塞索伊奇费了好大劲才把它拖上船。

这时天就要亮了。四面八方的琴鸡发出唧唧咕咕的叫声，清晰地传到我们耳朵里。

塞索伊奇高兴地说："好啦！现在我来划船，你来开枪。可不要错过好机会啊！"他扔掉烧剩的枯枝，我们对换了位置。

　　晨风凉丝丝的，很快就把晨雾驱散了，天空一片明朗。 这个清晨多么美丽啊！

　　一层绿色的薄雾笼罩着林边的树木，我们沿着树林的边缘划着。 从水里伸出一些直直的光滑的白树干，还有一些疙疙瘩瘩的黑云杉树干。 向远处望去，树林就像被细钢丝吊在半空中一样。 近处晃着两个树林，一个树梢朝上，一个树梢朝下。水面平静如镜，慢慢地荡漾着，映照出一根根白色的和黑色的树干，细细的树枝在水面上碎成千丝万缕的景象。

　　"做好准备！"这时塞索伊奇提醒我。

　　我们沿着一片银光闪闪的水的"林中空地"，划到桦树林边。 在树梢光秃秃的枝条上，栖着一群琴鸡。 我不由得感到奇怪：这么纤细的树枝，怎么没有被这些又大又重的鸟压断呢？

雄琴鸡的身体非常壮实，脑袋很小，尾巴很长，尾巴尖上好像拖着两根辫子似的，在明亮的天空中，黑得格外明显。雌琴鸡是淡黄色的，显得很朴素、轻巧。

有一排乌黑和淡黄色的大鸟躲在丛林下面的水里，它们脑袋藏在身下，安详地浮在水面上。我们离它们已经很近了。塞索伊奇小心地划着桨，让小船沿着林子的边缘前进。我怕那些特别小心的鸟受到惊吓，镇定地端起了双筒枪。

那些琴鸡都伸长了脖子，小脑袋转过来对着我们。它们也在纳闷：水上漂浮的是什么东西？这东西会不会有危险？

鸟的反应并不快。我们现在已经离它们大约只有 50 步的距离了。最近的一只琴鸡正把小脑袋转来转去，心慌意乱地思考着：万一发生危险，我往哪里飞呢？它紧张地替换着两只脚，细细的树枝被它压弯了。它慌忙扑了几下翅膀以保持身体平衡。当它发现伙伴们都没有慌乱的时候，也就放心地待着了。

"砰！"我开枪了，枪声划过水面向树林荡漾过去，又像撞到墙壁上弹了回来。

琴鸡乌黑的身体掉在水里，发出巨大的"扑通"声，溅起了高高的水沫，初升的日光把水波染成了彩虹的七色。那一大群琴鸡扑着翅膀，"啪啪啦啦"地一下都从白桦树上飞走了。我朝着正起飞的一只琴鸡又开了一枪，但没有打中。

塞索伊奇向我祝贺："好收获！"是啊，一早就打到了这么一只美丽的鸟，我也应该满足了。

我们把低垂着翅膀的死琴鸡捞起来，湿淋淋的很沉重，然后又从容地向来路划去。

一群群野鸭快速地掠过了水面，勾嘴鹬发出尖尖的叫声，琴鸡也在岸边欢快地叫着，太阳已经高高地升到了树林的上空。 田野的上空，云雀在高声地唱着。

尽管一晚没睡，但我们一点也不感到疲倦。

◉本报特约通讯员

用诱饵截杀黑熊

熊在我们这一带胡闹，昨天听说一个村的小牛被它咬死了，今天又听说另一个村的小马又被吃掉了。

在会上，塞索伊奇说得蛮有道理，他说："我们不能等着熊来祸害我们的牲畜，应当采取措施。 加弗里奇赫家的小牛不是被咬死了吗？ 把它交给我，我用它做诱饵。 把熊骗来，如果熊也来找咱们的牲口群，在这里打转儿，东张西望的话，那它一定会被诱饵给引来。 只要它敢来，定叫它有

来无回，再也伤不到一根牲畜毛了。我已经谋划好了。"

塞索伊奇是我们这里顶有本事的猎人。人们把那头死小牛交给了他，说："你去干吧，我们就等着过安生日子呢。"

塞索伊奇把死小牛装在大车上，运到树林里，放在一块空地上，把小牛翻了个身，让它头朝东躺着。塞索伊奇深深懂得打猎的事，他知道，头朝南或头朝西的尸体，熊是不会去动的，它会犯疑心，怕别人伤害它。

他在死牛周围用带皮的白桦树枝圈起一道矮矮的栅栏。又在离栅栏20米远的并排长着的两棵树上搭了个窝棚，离地大约有两米高。这是个用树干搭的平台，猎人夜里就待在这个平台上守候野兽，这就是全部准备工作。不过他并没睡在窝棚里，而是回家过夜了。

一个星期过去了，他还是照常在家里睡觉。早晨他腾出点时间，到木栅栏那儿去了一趟，绕着它走了一圈，卷根烟抽一会儿，抽完就又回家了。

我们的庄员们开始取笑他了。小伙子们挤眉弄眼地对他说："嗨，塞索伊奇，还是睡在自家的热炕头上好，做梦也香甜呀！你不乐意守在森林里吧。"可是他回答他们说："贼不来，守望也是白费劲儿呀！"小伙子们又对他说："小牛都快发臭了！"他说："那才好呢！"

他就那么安然自在，真拿他没办法。塞索伊奇知道事情该怎么办。他也知道，熊绕着牲口群打转儿，已经不是一天了。他那锐利的眼睛也看见了熊在围着牛尸体的栅栏四周留下的脚印。熊没有动小牛，那是因为它还不饿，等牛尸真正发臭后，才会美滋滋地把它吃下。这种乱毛蓬松的林中野兽的胃口就是这样的。

死小牛在树林里躺了一个多星期了，塞索伊奇照常在家里过夜。终于有一天，他根据脚印，断定熊爬过了栅栏，从牛尸上扯去了一大块肉。当晚，塞索伊奇带着枪爬上窝棚。

夜里，树林里静得很，野兽睡了，鸟也睡了。当然也有例外，猫头鹰扑扇着毛蓬蓬的翅膀，无声无息地飞过，它在搜寻草丛里窸窣作响的野鼠。刺猬在林子里走来走去，寻找青蛙。兔子在啃咬白杨的苦皮。一只獾在土里寻找它所熟识的那些细植物根。

这时，那只熊偷偷摸摸地朝小牛走来了。塞索伊奇困得睁不开眼。往常在深更半夜，他总是睡得香香的，现在他直打瞌睡。

突然他听到喀嚓一声响动，不禁打了个冷战！是不是听错了？不是的。天上虽然没有月亮，可是北方的初夏夜，没有月亮也亮得很。他清楚地看到，一只黑毛野兽扒在泛白的白桦树枝栅栏上。熊在大声地咀嚼，在享用人家款待它的菜肴。

"你等着瞧！"塞索伊奇暗想，"我要用枪子好好招待你呢！"

他端起枪，瞄准了熊的左肩胛骨。轰的一声枪响，像雷鸣似的，震动了沉睡的森林。兔子吓坏了，跳了半米来高。獾呼呼叫着奔回自己的地洞。刺猬缩成了一团，身上的刺根根竖了起来。野鼠一溜烟躲进巢穴。猫头鹰悄无声息地飞进大云杉树的黑影里去了。

一会儿，又静下来了。昼伏夜出的野兽们，又大胆去干自己的事了。

塞索伊奇爬下棚来，走到栅栏边，卷了一支烟，抽了起来。 天快亮了，还得补上一小觉呢。

等到集体农庄里的人都起了床，塞索伊奇对小伙子们说："喂，小伙子们，套车去把林子里的熊拉回来吧。 以后熊再也伤害不了咱们的牲畜啦！"

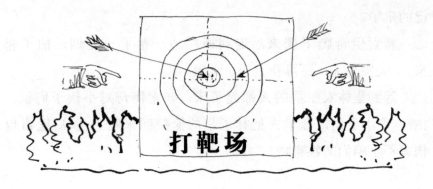

打靶场

第三场竞赛

1. 哪一种甲虫用它出生的月份来命名？
2. 蚂蚱是用什么发声的？
3. 勾嘴鹬用什么东西发出羊叫似的声音？
4. 为什么火红色的鹭鸶被称为"水牛"？
5. 蜘蛛有几只脚？
6. 甲虫有几对翅膀？
7. 什么鸟从南方到我们这里来，一部分路程是步行的？
8. 椋鸟在巢里孵出小鸟后，碎蛋壳哪里去了？
9. 什么生物的耳朵生在腿上？
10. 什么鸟叫起来像瘦猫？
11. 青蛙卵和癞蛤蟆卵有什么不同？

12. 秧鸡的个头有多大?

13. 什么鸟叫起来像狗叫?

14. 哪些鸣禽最后一批飞到我们这里来?

15. 丁香是春天开花,还是夏天开花?

16. 树根下面乱哄哄,树干上面叮咚咚,树木梢头亮晶晶。(谜语)

17. 走路的用得着它;赶车的用得着它;有病的也用得着它。(谜语)

18. 黑黑白白两相间,隐约还有绿光闪,转起圈来像中邪,扭头飞到林里边。(谜语)

19. 网子一面,不用手编。(谜语)

20. 长线细丝,落到草里,丝线不见,结成一缕。(谜语)

21. 我不来时求我来,等我来了躲起来。(谜语)

22. 牛犊般大小,可没长角;脑门儿挺宽,眼睛挺小;不让碰来不让摸,窜进畜群不得了。(谜语)

23. 刚出世的小娃娃,长着胡子一大把。(谜语)

24. 三个伙计聚一堂,一个爱跑,一个爱躺,一个扭动身子挠痒痒。(谜语)

通 告

音乐表演开始

在偏僻的树林里长满青草和芦苇的小湖上，可以看到最有趣的表演。为欣赏这些表演，你要在岸边搭个小棚子，躲在里面。

在晴朗的黎明时分，从青草丛里游出两个服装华丽的演员。它们是从草丛里游出来的两只水鸟。它们漂漂亮亮的，嘴巴细长细长的，毛茸茸的衣领护住了脸颊，在初升的阳光下，闪着鲜明的古铜色光泽。这是凤头䴙䴘。你静静地坐着吧，它们准有好戏给你瞧。

瞧！它们好像排着队的兵士一样，肩并肩游着。突然，又好像听到"解散"的号令一样，分头向两边游去。一下子就向后转，面对面鞠起躬来，像跳舞似的。

后来它们就伸长了脖子，扬着脑袋，微微地张开嘴巴，似乎在一本正经地发表演说。突然，它俩一齐嘴巴朝下，一下子扎到水里去了，连一点水激荡的声音都没有！片刻之后它们一先一后从水里钻出，稳稳地站在水面上，就好像踩在地板上一样。它俩各自从水底衔起一缕青苔，你递给我，我递给你，好像在交换两条绿色的小手帕似的。

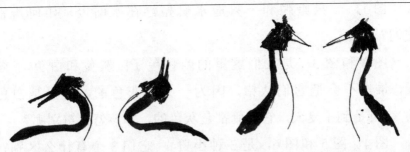

你看到它们的表演，不由得鼓起掌来。而演员没等谢幕就不见了，原来它们受了惊，钻进芦苇丛去了！

第二次测验题

"神眼"称号竞赛

怎样辨别这些动物？

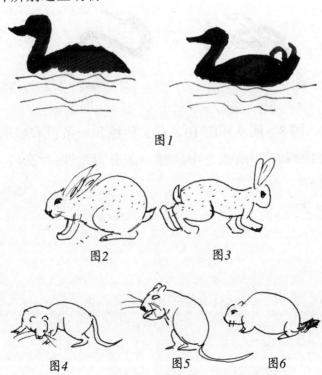

图1

图2　　　　　　图3

图4　　　　图5　　　　图6

图1，一只野鸭和一只潜水矶凫浮在水面上，如何辨别它们？

图2和图3，是我们这里的两种兔子：灰兔和白兔。冬天，谁也不会把它们认错，因为一只是灰色的，一只是白色的。可是到了夏天，它们俩都是灰色的，那该怎么辨别呢？

图4、图5和图6，是3种小兽。它们3个有什么区别？各叫什么名字？

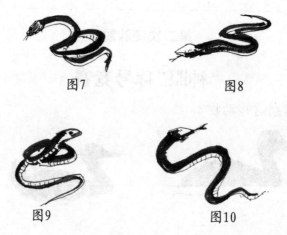

图7   图8

图9   图10

图7、图8、图9和图10，有3种蛇和一条没有腿的蜥蜴。哪一条是蜥蜴？3条蛇之中，哪一条有毒？用什么咬人？哪一条没毒？

打 靶 场 答 案

"神眼" 竞赛答案及
解 释

打 靶 场 答 案

请核对你的答案有没有射中目标

第一场竞赛

1. 从 3 月 21 日起。

2. 污雪化得快,因为它的颜色比较深,深色吸收的阳光较多。(夏天戴黑色帽子最热)

3. 软毛兽在春季换毛,脱掉那层又密又暖的绒毛(因为毛的作用减少了)。此外,野兽在春季怀小兽。

4. 蝙蝠在它们所吃的飞虫出来后才出现。

5. 款冬、毛茛、雪花。

6. 白山鹑。冬天它是白色的,到夏天就变成花斑的了。

7. 在雪融化以前,它变成了灰色的时候,或者在地面比白兔先变了颜色的时候。

8. 睁着眼的。

9. 在又密又黑暗的森林里生长的树木,很快地向上面有光的地方伸长,所以下面就没有树枝了。而在旷野生长的树木,下面有树枝,而且向侧旁伸展。

10. 小小的鼩鼱。它只有 3 厘米半长(不算尾巴)。

11. 鹪鹩和戴菊鸟。它们的个头都比蜻蜓小些。

12. 凡是靠植物种子(仁、核)和浆果维持生活的鸟,嘴巴就又粗又硬(便于把核啄破);以昆虫为食的鸟,嘴巴又细又软;而猛禽的嘴巴为钩状(用来撕肉)。

13. 交喙鸟。

14. 这是一棵冬天被兔子啃过的树。冬天地面的积雪有一米来厚,兔子啃不到下面的树皮。

15. 3 月 21 日是春分,9 月 21 日是秋分。

16. 冰柱。

17. 春天太阳的热。

18. 雪。雪化成水后就汇成淙淙的小溪。

19. 黑马是河,车辕是岸。

20. 冬天,大地积满白雪,春天,地面铺满绿叶鲜花。

21. 雪。

22. 今天。

23. 鹿。

第二场竞赛

1. 龙虾。

2. 羊肚蕈（xùn）和编
   笠蕈。

3. 农民耕地时会翻出许
   多甲虫的幼虫和其他
   昆虫，白嘴鸦就啄食
   它们。

4. 乌鸦巢又平又浅；喜
   鹊巢是圆的，有盖儿。

5. 不靠织网捕捉昆虫的蜘蛛。

6. 家燕。

7. 在丛林和园子里的树洞里。

8. 衔它们的毛去做巢，或啄食牲
   畜老皮中的昆虫及其幼虫。

9. 我们的家鸭和家鹅的祖先是
   候鸟。春天，野鸭和野鹅飞过
   的时候，它们也会触目伤情，
   思念自己的家乡。

10. 春天突然涨大水，常常淹掉
    那些在地上做巢的鸟的蛋和
    小鸟。

11. 任何鱼都不得捕杀。4月末，
    梭鱼游到水湾里产卵。由于

它们在水很浅的地方产卵,它们的脊背就会露出水面,盗猎者就乘机开枪打它们。

12. 较怕冷的是爬虫。因为它们的血是冷的。它们会被冻僵。至于鸟类,如果它们吃饱了,就差不多是不怕冷的。

13. 前部的舌尖。

14. 生活在旷地上的鸟,翅膀狭长而尖。很容易推测出:生活在森林中的鸟,翅膀不能是长的,因为长得长的话就会绊住树枝和树干。在密林里生活的鸟,翅膀都是宽短而圆的。

15. 家燕。

16. 蜂房,蜜蜂。

17. 甲虫。

18. 叮人的蚊子。

19. 雨水,大地,青草。

20. 鱼。

21. 土地妈妈。

22. 铃兰的花蕾和花。

23. 云。

24. 牛的四条腿,两只犄角,一根尾巴。

第三场竞赛

1. 金龟子(有5月金龟子和6月金龟子)。

2. 蚱蜢的腿上有小刺,翅膀上有锯齿。用腿擦翅膀,发出嚓嚓的声音。

3. 用尾巴。

4. 因为雄鹭鸶发出牛叫似的声音。

5. 8条。

6. 甲虫有两对翅膀。外面一对是硬的、厚的,主要作用是保护底下那对飞行用的翅膀。

7. 秧鸡,黑水鸡。

8. 椋鸟用嘴把破蛋壳从巢里衔出去,丢到离巢很远的地方。

9. 蚂蚱。它的听觉器官不是在头上,而是在一对前腿上。

10. 黄莺。

11. 青蛙的卵像胶冻似的成团漂浮在水中。而癞蛤蟆的是附着在一条胶质的带子上,带子又附着在水草上。

12. 比椋鸟大一点,比鸽子小一点(29厘米)。

13. 雄白山鹑在春天的交配期会发出狗吠似的叫声。

14. 是那些羽毛的色彩很鲜艳的鸟。在我们这里的树上长满了翠绿的嫩叶的时候,它们才飞来。

15. 春天。到夏初,它的花就谢了。

16. 蚂蚁在蚂蚁洞里的生活很忙碌;啄木鸟啄树像铁匠打铁;夜里,星在树林的上空闪耀,像点了蜡烛似的。

17. 白桦。它的枝干可供走路人做手杖,赶车人做鞭柄,乡里病人做饮料。

18. 喜鹊。

19. 蜘蛛网。

20. 雨。雨落在草丛中，从草丛中流出小溪水。
21. 雨。
22. 狼。
23. 山羊。
24. 河、岸、岸边的矮树丛。

"神眼"称号竞赛答案及解释

第一次测验

图1. 是天鹅。它在飞时会伸直那有伸缩性的脖子,看上去好像翅膀在后面似的。而它的短腿缩在身体下面,就看不见了。

图2. 是雁。它在飞的时候,像天鹅,可是它的脖子短得多,它的全身比较小,是灰色的。

图3. 是鹤。它在飞时脖子和长腿伸得很直,像棍子似的。

图4. 是鹭鸶。很容易把它跟鹤区别开,因为它在飞的时候,脖子是弯的,翅膀也驼得很厉害。

这些叶子是什么树的?

1. 白桦;2. 赤杨;3. 椴(jiǎ)树;4. 杨树;5. 柳树;6. 槭树;7. 桉树;8. 栎树;9. 榛树;10. 松树的针叶。

第二次测验

图1. 是浅水野鸭。它停在水面时,把身体的后半部分抬起,离开水面。它在觅食时像家鸭一样,只把身体的前部分钻进水中。

另一个是矶凫。它停在水面时,把身体后部浸在水里,潜水时整个身子都钻进水中。

图 2. 是白兔。它的耳朵比较短,如果向前弯,碰不到鼻尖。脚爪宽。尾巴是圆圆的,根部有个黑斑点。是灰色的。

图 3. 是灰兔。在夏天也容易把它同白兔区别开来,因为它个头较大,身上带有浅褐或淡黄色的毛。耳朵长,前屈可越过鼻尖;腿细,尾巴比白兔长,上有长形黑斑。

图 4. 是鼩鼱。它是非常有益的吃昆虫的小兽。

图 5. 是家鼠。是有害的啮齿类动物。

图 6. 是野鼠。也是有害的啮齿类动物。

这三种鼠类小兽,根据以下的特征很容易把它们彼此区别开:鼩鼱的嘴伸得长长的,像个长鼻子,身体是弓起的,眼睛藏在毛里面,几乎看不见;家鼠和田鼠的嘴短。家鼠的尾巴长,田鼠的尾巴短。

图 7. 是无毒的黄颔蛇。安静而非常有益的黄颔蛇,头两侧有清清楚楚的黄点子。

图 8. 是有毒的灰蝰蛇。毒性非常大,背为灰色,上面打着"罪犯印记"——锯齿形的黑条纹。

图 9. 是益虫蛇蜥,一种无脚蜥蜴。

图 10. 是黑蝰蛇。可不要把黑蝰当做黄颔蛇:黑蝰蛇的头上是没有黄点的。可以把蛇蜥和黄颔蛇拿在手里,因为它们没有毒牙,不会伤害人,如果只抓蛇蜥的尾巴,它就会和普通的蜥蜴一样自动断尾。如果你抓住蝰蛇的尾巴,它就会猛然一回头,用毒牙咬住你。人被它咬伤后会中毒,

甚至死亡。因此,应该好好地学会把蝰蛇(蝰蛇有各种颜色的——从浅灰色到乌黑色全有)跟黄颔蛇和蛇蜥区别开。

蛇是用牙咬人,而不是像蜜蜂、黄蜂那样蜇人,它们那分叉的尖舌不是用来蜇人的,毒蛇伤人的武器是毒牙。